JN078425

サフランの歴史

SAFFRON: A GLOBAL HISTORY

RAMIN GANESHRAM
ラーミン・ガネシュラム【著】
龍 和子【訳】

原書房

目次

［……］は訳者による注記を示す。

序章◉もっとも貴重なスパイス

ほとりには、みごとな実を結ぶざくろの森
ナルドやコフェルの花房
ナルドやサフラン、菖蒲やシナモン
——旧約聖書「雅歌（がか）」4章13〜14節

◉もっとも高価な食材

サフラン——秋咲きのクロッカス（学名 *Crocus sativus*）の、細くて糸のような柱頭（ちゅうとう）［雌しべの先端の赤い部分］——は世界でもっとも高価であり、もっとも称賛されているとも言われる食材だ。できたての干し草の匂いのようだと評されることもあれば、もっとシャープで、つんとした薬っぽい香りがすると言う人もいるが、独特なアロマと繊細な風味をもつサフランが料理に与える味と色は、ほかのスパイスには出せないものだ。残念ながら、サフランとは文化的なつながりのない社会の現代料理には、このスパイスが使われていないものが多い。サフランが安価ではないことにくわえ、サフランが料理に与えてくれる風味や色がどれほどすばらしいものか、十分に理解されていないからだろう。

サフランがハーブかスパイスかという問題については、学者や料理人のあいだでも結論は出ていない。サフランがさまざまな地で多様な料理に使用されているため、どちらかに限定するのは無理があるからだろう。サフランは何千年にもわたって収穫され、その間、ずっと高値で取り引きされ、料理においては黄金にも匹敵するという評価が変わることはなく、つねに人の想像力をかきたててきた。こうした食材は、サフラン以外には見当たらない。

サフランの生産にかかるコストが高いのは、満開時に一斉に手で収穫する必要があることが大きな理由だ。途上国ではサフランを収穫するのは女性や子供たちの仕事である。ごくわずかな賃金で済むからだけではない。サフランの花からその柱頭を傷つけずに摘む作業には、小さな手のほうが適しているからだ。

このように大きな労働力を必要とするサフランだが、古代ギリシアでは、当初は野生の花を摘んでいた。その後、スパイスとして世界中で使われ、また栽培品種のサフランも世界に広がった。元来の栽培地は地中海や中東地域だが、近年の気候変動によって、サフランの大

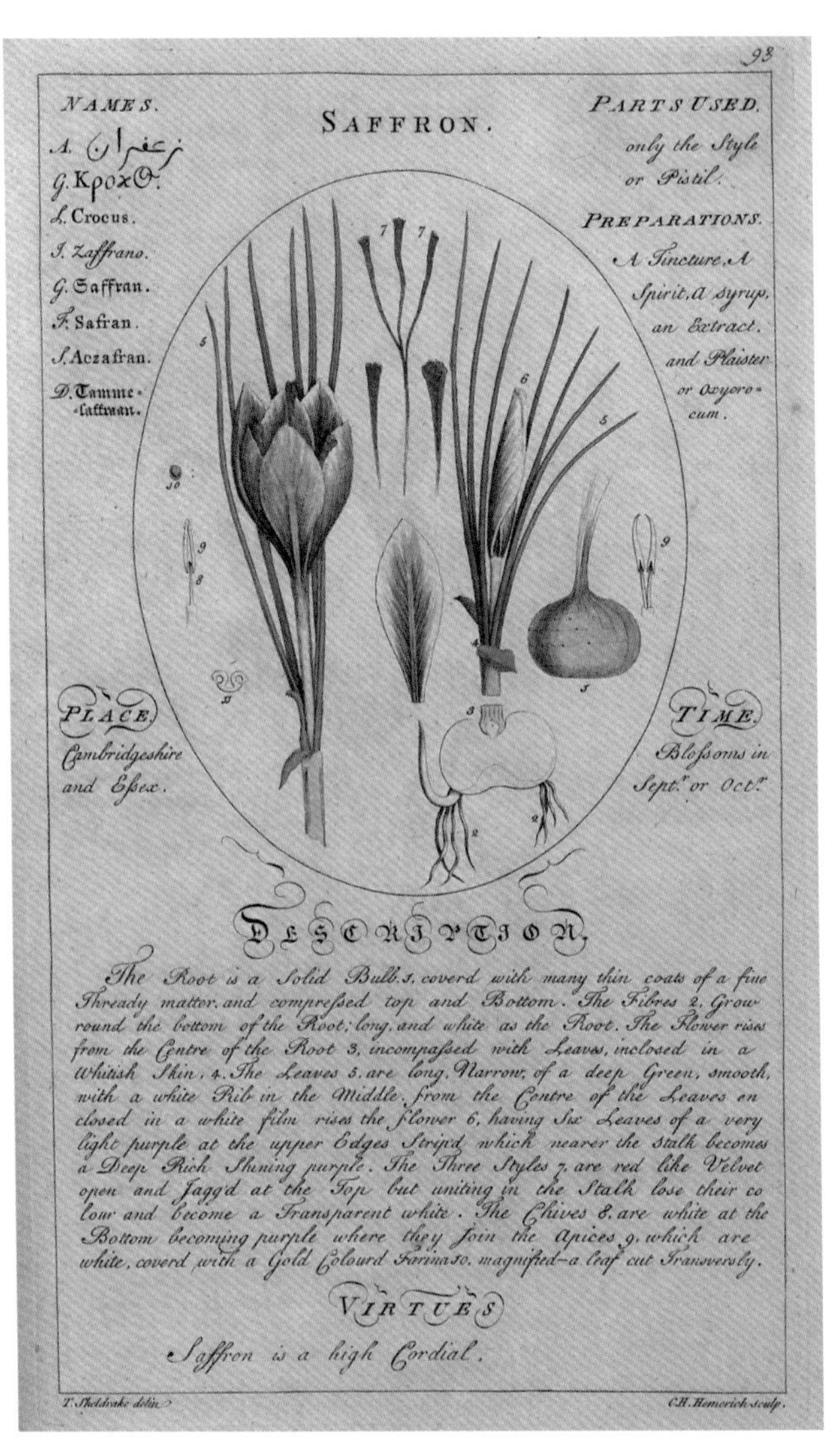

サフラン（学名 *Crocus sativus L.*）：茎に花がついた状態のもの、花弁、雌しべ、雄しべ、球茎を図解し、さらにこの花とその利用法についての解説がみられる。C. H. エメリッヒによるもので、図鑑の著者ティモシー・シェルドレーク死後の1759年頃の作品。線刻銅版画、彩色。

量生産が可能な環境がそれ以外の地域にも広がっている。

サフランは大きな価値をもっている。さまざまな分野において魅力ある原材料であり、芸術にも登場し、医薬品や化粧品、染料などにも利用されている。サフランが顔料として使われているメソポタミアの洞窟壁画は5万年前のものであるし、ギリシアのサントリーニ島で発掘された古代のフレスコ画にもサフランは描かれ、エジプトのミイラを包む布や、仏僧のサフラン色の法衣(ほうえ)にも染料として使われている。とはいえいつの時代も、そのおもな用途と言えば料理だ。また、高価なサフランは過去に貿易戦争を引き起こし、密輸の対象ともなってきた。

◉イラン料理に欠かせないサフラン

私は子供の頃から、サフランというスパイスが重要なものであることははっきりと理解していた。私が育った家庭ではサフランは郷土料理に不可欠なものだったが、貴重品であるサフランは手に入れづらいことも多かった。私はニューヨーク育ちだが、子供の頃の1970年代から80年代にかけては、イラン(ペルシア)系の母の料理作りに必要な材料をすべてニューヨークで入手するのはまだ難しかった。そして、イラン料理になにより欠かせないのがサフランなのだ。

コメと具材を交互に重ねて蒸し、サフランで色づけしたペルシアの料理。

母の郷土料理作りに必要な食材の大半は、ブルックリンのアトランティック・アベニューにある、サハディをはじめとする中東の食料品店で買っていた。私はいつも母と一緒に買い物に行ったが、母が「ゼレシュク」（バーベリー［メギの実。低木になる赤い実が食用や薬用にされてきた］）や「ソーハン」（カラメル状にした砂糖にナッツをくわえ、サフランで香味づけした菓子）や「バスタニ」（サフラン風味のペルシアのアイスクリーム）はありますかと聞くと、いつもアベニュー沿いの店の主人から、すみませんが置いていませんという言葉しか返ってこないのだった。

不思議と、母はサフラン自体はそうした食料品店で一度も注文したことがなかった。というのも、私が知っているサフランとは、手

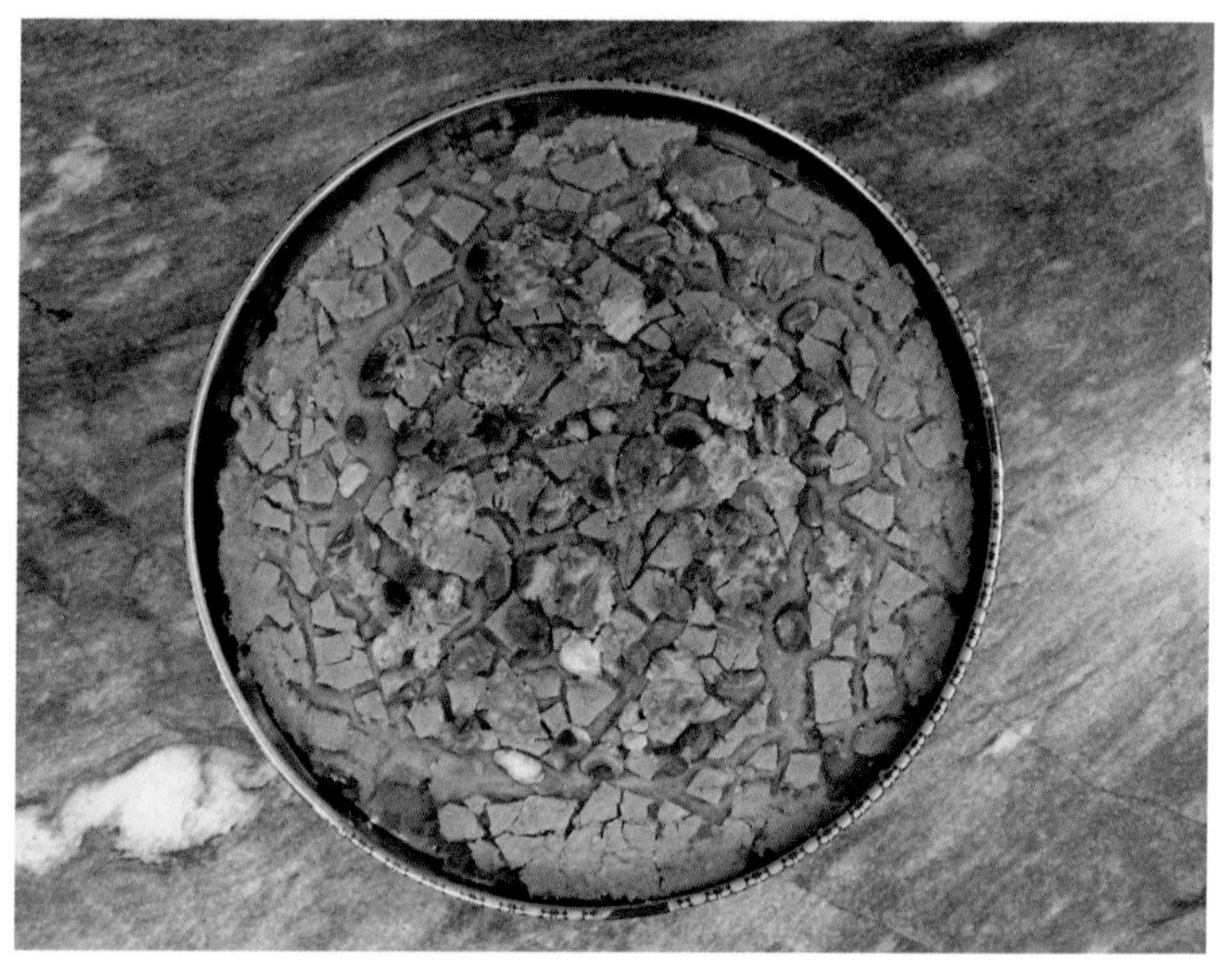

イラン、ゴム地方のサフランを使った菓子、ソーハンはしっかりとした風味をもつ、ほろほろと崩れるトフィーだ。

「バスタニ」はサフランとピスタチオで風味づけしたペルシアのアイスクリームだ。

に入りづらいバーベリーやさまざまなペルシアの菓子と一緒にイランから送られてくるものだったからだ。イランから届いたサフランは、今もそうだが、小さくて平たく丸い容器に詰められて、私には読めない文字のラベルが貼られていた。母はアメリカでサフランを買おうとはしなかった。それはアメリカで売られているサフランがあまりにも値が張るからだったのか、産地直送のイラン産サフランだけがお金を出す価値があるものと考えていたためなのかはわからない。けれども私の親族の多くは、今もそう考えている。

おとなになって料理史家となった今、私は母が、アメリカで売られているサフランは、表示されている産地がどこであれ、本物のサフランとは言えないと思っていたのではないかと感じることがままある。真のサフラン愛好者なら、他の高価で稀少な食材の多くと同じく、偽物のサフランがかなり出まわっていることもよくわかっているのだ。

理由はどうあれ、私が育った家庭ではサフランは大事に使われていた。今でも母がどこにしまっておいたのかはっきりとは知らないのだが、ほかのスパイスと一緒に戸棚に置かれていなかったことは確かだ。母は私がおとなになる前に亡くなったため、サフランを挽く前に一度フライパンで乾煎り（からいり）すると粉末にしやすいと教えてくれたのはいとこのシャナズだった。また別の親族は、挽いたサフランを熱湯に浸し、防腐剤代わりにひとつまみの砂糖をくわえる方法を教えてくれた。これを冷蔵庫に保存しておけば必要なときにいつでも使える。この

サフランを挽く前には、必要であれば、弱めの中火にかけた小型のフライパンで乾煎りして乾燥させる。

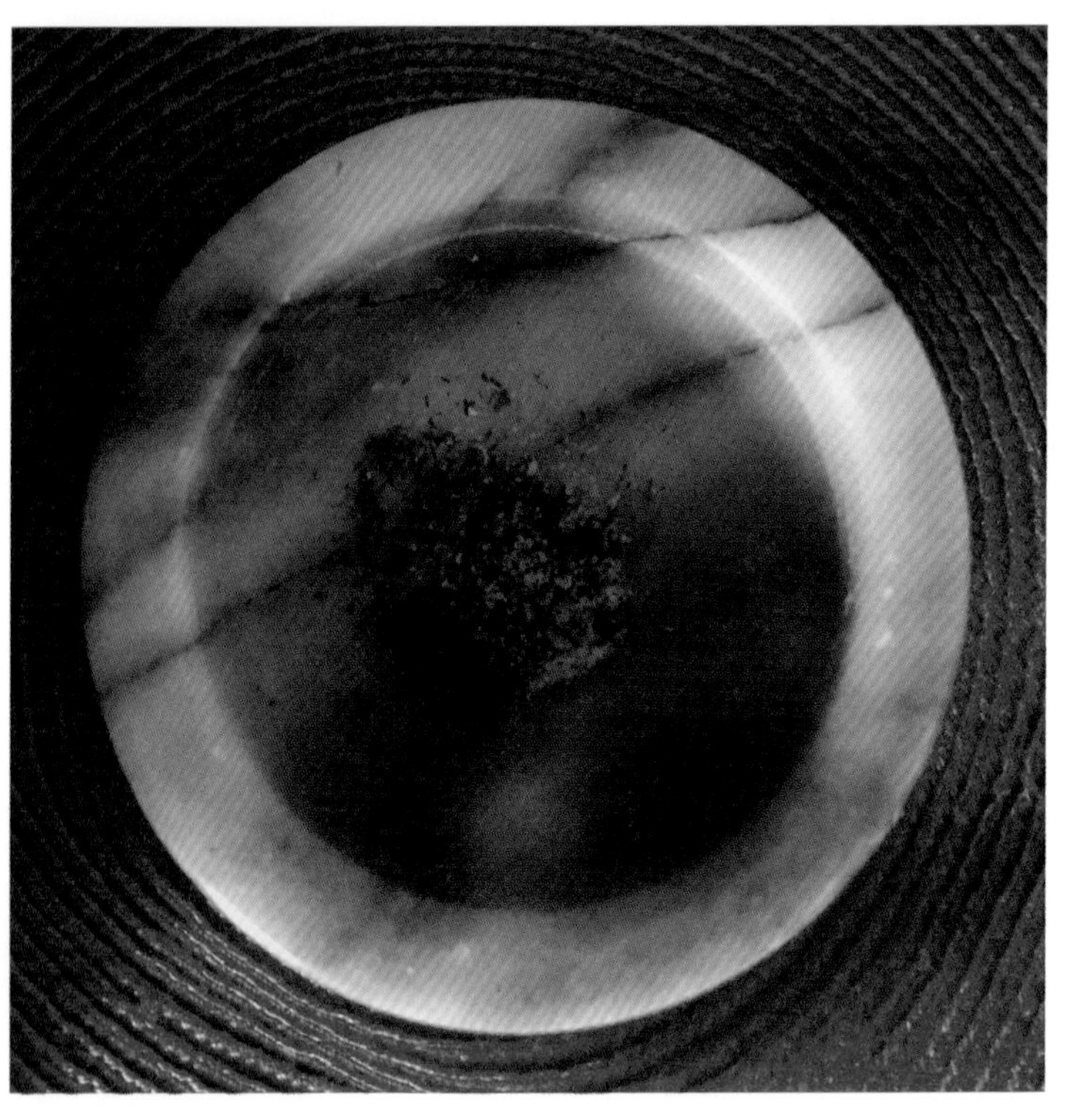

砂糖を微量くわえると、サフランを細かい粉末に挽くことができる。

親族はまた、料理に信じられないほど大量のサフランを使っていた。塩やコショウ、ペルシア料理ではおなじみのターメリックと同じように気前よく使うのだ。そうした享楽的とも言える豪快な使い方は、私にはとても真似できない。

私はサフランを貴重なものだと思っていたが、それはなにも、世界一高価な――過去には金と同じほどの値がついていたこともある――スパイスだからではなかった。とても高価であると知ってはいたものの、それがとても重要なこととは思っていなかった。私の周囲でサフランを使っているのはイラン人くらいだったので、一般市場で受けている高い評価も、私にとってあまり意味のあることではなかったのだ。

私にとってはむしろ、祖国から運ばれてくるという点においてサフランは貴重だった。革命と政争の結果、祖国は私たちにとって閉ざされた国になっていたからだ。だからサフランは、神話に登場する特殊な力をもつ植物のような存在だった。魔法の薬とでも言うか、これがあれば、家族のルーツがある祖国へと戻った気分をひととき味わえるのだった。サフランはペルシアの新年を祝う「ノウルーズ」の香りだった。ノウルーズのお祝いには、おいしくて甘く、サフランの芳香で満ちたイラン料理がテーブルにのる。またサフランは悲しみを意味する香りでもあった。母は、煎った小麦粉に色も香りも濃いサフラン水をたっぷりとくわえて、葬儀の際のデザート「ハルヴァ」を作った。

レヴァントのものとは違い、ペルシアのハルヴァは小麦粉、バター、サフランで作ったぶ厚いペースト状の菓子だ。

私は欧米社会でどのようにサフランが使われているのかを、ほとんど知らなかった。しかしおとなになって料理人になり、のちに訓練を積んでシェフになると、欧米社会ではどこに行っても、サフランはもっぱら料理の色づけ用のものとしか見られていないことに気づいた。その風味や香りに関しては評価されていないも同然だったのだ。サフランを多用し、サフランがどれほど多彩な性質をもっているかを知っている人なら、それがまったくの認識不足であることがわかる。もちろんサフランが生み出す美しい色は大きな特徴だ。しかしサフランは、言葉ではとても言い表せないような、苦味とも言える風味と香りをもつ。これによってさまざまな料理に、繊細で、ほかのスパイスには出せない味わいが生まれるのだ。

本書はサフランの歴史の全体像を追い、世界中で評価されるスパイスとなった道筋をたどり、また役に立つ情報やレシピも掲載する。まずは、サフランの価値――サフランはすぐれた食材であり、料理をある一定のレベルに仕上げるために用いられる場合が多い――をしっかりと理解していただきたい。そのためにも、原産地の地中海沿岸から中東や南アジアを経てふたたびヨーロッパへともち込まれ、16世紀にはじまった大西洋奴隷貿易によってカリブ海沿岸諸国やアメリカへと伝わっていったようすを見てほしい。

サフランが運ばれたこのルートは、明確に跡をたどれる直線的なものではない。さまざまな地域にいくども伝えられ、同じ土地のなかをなんども行きつ戻りつした場合も多い。たとえば、サフランの原種はギリシアを原産地とするが、アレクサンドロス大王率いる兵士たちの鞍嚢（あんのう）［馬の鞍の左右にたらす革製の袋］のどこかにまぎれ込んで東方へと遠征し、今度は栽培品種としてギリシアにもち込まれた。またそれ以前には、アッシリア［紀元前３０００年紀〜前６１０年頃までティグリス川中流域にあった古代国家］からイラン地方へともち込まれ、その後ペルシア（イラン）がアッシリアがあった地を征服すると、ペルシアの王たちがそこに自慢の庭園を再現しようとして、サフランはふたたびアッシリアの地へと戻ってきた。本書はサフランがたどった、こうしたまわり道のルートを追う。そして何世紀ものあいだには、他の貴重な品々と同じくサフランが闇取り引きの対象となり、さらには、この黄金の花でひと儲けしようとするあくどい商人によって、偽物のサフランが売買された事実も検証していく。

また、サフランがもつとされる薬効成分についても解説する。古代にはペルシアの医学者イブン・スィーナー（アヴィセンナ）やローマ帝国時代の医学者ガレノスによる文献にサフランを薬とした例が記されており、薬としての利用は中世まで続く。古代にサフランを医薬品とした事例については、その多くが今日の科学者や医療関係者によって再検証されつつある。とはいえ、サフランを医薬品として使った歴史があることや、今日、そうした利用法についての研究が行われていることを紹介するのは、歴史をひもとき、またそうした事実があったという情報を提供するものであって、医療上の助言を行うためのものではないことを記しておく。

本書はあまり知られていないサフラン文化にもふれる。たとえば、18世紀初頭にアメリカ、ペンシルベニア州ランカスター郡に到着したドイツ移民の社会についてだ。彼らはサフランを大量に使うことで有名になり、「イエロー・ダッチ（Yellow Dutch、黄色いドイツ人）」（Dutch《オランダ人》はDeutsch《ドイツ人》の誤り）と呼ばれるようになった。

そして巻末のレシピ集では、さまざまな文化におけるサフランを使った昔ながらのレシピや、これまでにない新しい使い方を紹介したつもりだ。

アランチーニは、サフランのリゾットを丸めてパン粉をつけて揚げたライスコロッケだ。

第1章◉起源と栽培

曙がいまサフランの衣を着けて　地の上をくまなくさし照らせば、
雷鳴を擲つゼウスは、　尾根あまたあるオリュンポスの
いちばん高い山顚のへに　神々たちの会議を催したもうた、
まずおん身ずから　談っていえば、　神々ひとしく聴きしたがう
──ホメロス『イーリアス』［『イーリアス（中）』呉茂一訳／岩波書店］

◉サフランの植物学

ギリシア神話の変身の物語のなかでもよく知られているのが、クロコスとスミラクスの話だ。美少年クロコスが森のニンフのスミラクスと恋に落ち、スミラクスを一心に求め続けた。ふたりのあまりに強い思いにうんざりした神々は、ふたりをそれぞれの名がついた花に変え

ニコラ・プッサン画「フローラの王国」1631年、油彩、カンヴァス。クロコスとスミラクスの物語を描いた作品の一部。ふたりは激しく愛し合い、それぞれの名をつけた花に姿を変えられることになった。

た。それがクロッカス（サフラン）とスミラクス（サルトリイバラ）だ。「つまり、それぞれが異なる花に変えられたクロコスとスミラクスの恋とは、ひとつにはなれないものなのだ」[1]

一見小さく繊細なサフランの花は、若いふたりの激しい恋を表現するものとは思えない。しかしよく見ると、それは間違いであることがわかる。サフランの花で一番価値があるのはめしべの一部でしかない細長い柱頭であり、糸状のスパイスは花の中央部分からつき出たこの柱頭を摘み取って乾燥させたものだ。そしてこの柱頭は、サフランの自己主張する生殖器にほかならない。だが皮肉にも、サフランは受粉して種子を作るのではなく、「球茎」のまわりに新しい子球ができることで増える（茎の基部にできる球根に似たこの小さな球茎から、サフランの芽が伸びてくる）。

球茎も球根も「維管束」植物［根、茎、葉などの器官内部を貫き、水や養分の通路となる維管束をもつ植物］の基部にあるもので、球茎は、「球根のようなもの」としか言いようがない。ユリやチューリップと同じく球根だと思われていることが多い球茎だが、実際には球根とは大きく異なる。球茎は植物の茎の延長であって、切り開いてもなかは茎と同じだ。一方、球根はなかが層――タマネギを例にとればよくわかるだろう――になっている。

球根は植物の栄養源となるもので、この栄養分を使って植物は開花（繁殖）や成長のサイクルを行う。球根は次の5つの部分から成る。底盤――ここから根が育つ。鱗片葉――植

サフランは球茎から育つ。球茎は球根と間違えられることが多い。

サフランがスパイスになるまでの各段階。左から右へ、サフランの花弁、花が育ちつつある若芽、育つ途中の花、開く前に摘んだ花、開きはじめた花、柱頭がほとんど育ち開いた花、柱頭が成熟した満開の花、摘み取った柱頭と取り除いた花弁、摘んで乾燥させる前の柱頭。

物の生育に必要な養分を蓄える。「保護葉」という薄い皮のような部分——鱗片葉を覆う。胚——花が形成される。腋芽（えきが）——これが成長して次代の球根になる。そして子世代の球根ができたり、球根が自然にいくつかに分かれたりすることで、その植物は繁殖することも可能になる。

球茎も、球根と同様の働きや増え方をする。球茎は薄紙のような膜で覆われ、これがゾウムシなど地中の害虫から球茎を守っている。そして母球（ぼきゅう）の基盤に子球（球茎の子供）ができ、これが成長するのだ。土壌の栄養状態や子球の位置によっては、子球の基部から伸び縮みする収縮根が出て、子球を成長に適した深さや位置まで動かすこともある。子球が花を咲かせる際には球茎（母球）がその栄養源となって、最後にはしぼんでなくなる。

サフラン（学名 *Crocus sativus*）は、同じく球茎をもつ春咲きのクロッカス（学名 *Crocus vernus*）ととてもよく似ている。だがサフランは秋から初冬にかけて開花し、開花の盛りは9月下旬から10月初旬であり、11月におよぶ場合もある。

●最初期のサフラン

最初期のサフランは野生種で、ドイツの科学者たちが近年になって、ギリシア原産であることを確認した。[2] アテネ付近に自生していたこのサフラン（学名 *Crocus cartwrightianus*）が、今日のサフラン（学名 *Crocus sativus*）の原種だ。この原種のなかから一番長くて丈夫な柱頭をもつ花の球茎を選んで栽培化したのである。つまり、野生種のサフランに交配という人為的な選択が行われたのであり、それがなかったら、今のようなサフランは存在していないだろう。

サフランの原産地は年間降水量が５００ミリほどの地域で、最終的にサフランの栽培が盛んになった地域とは大きく異なる。サフランの生育に最適なのは、乾燥した高地の比較的

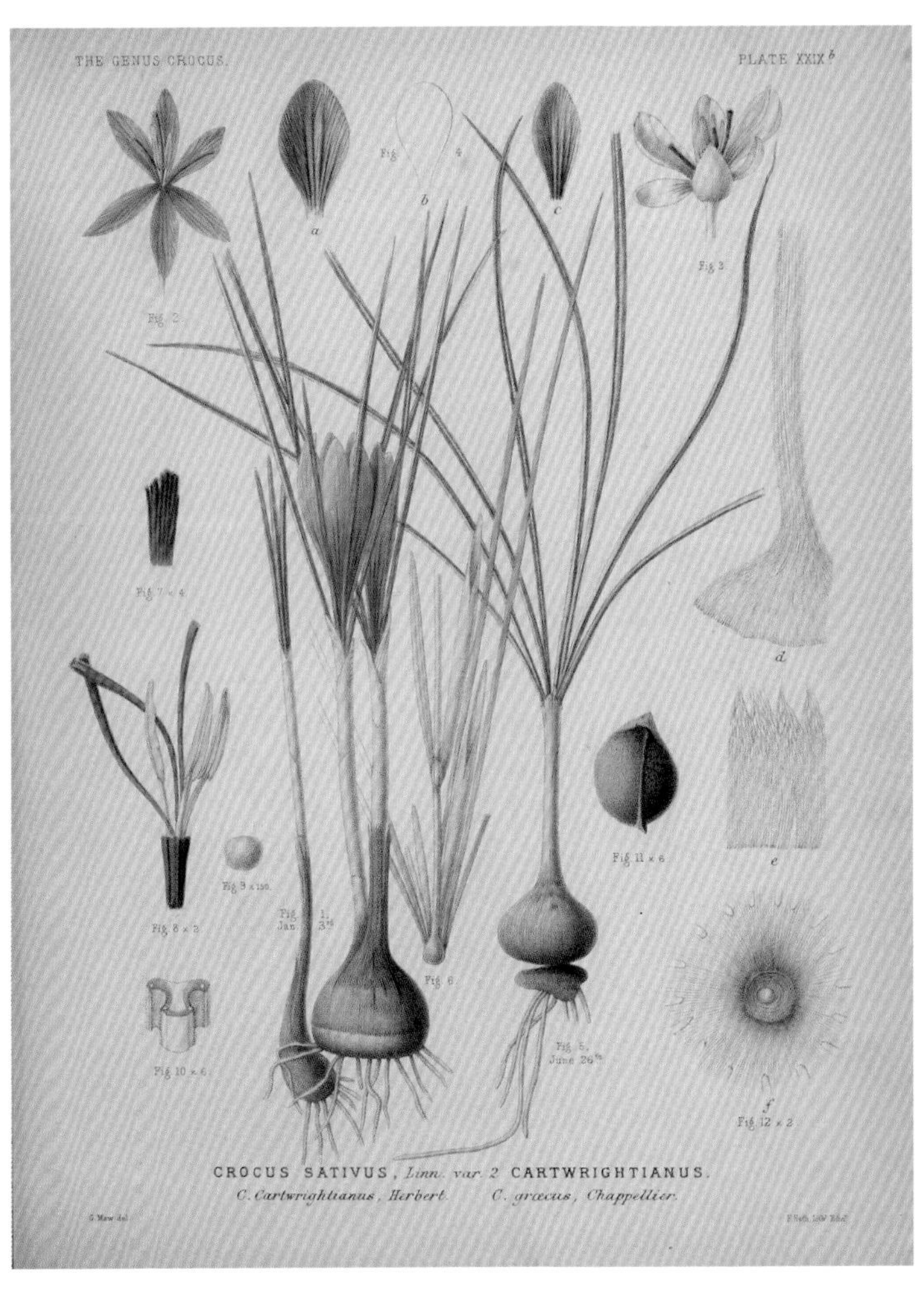

ジョージ・モーによる原種の野生のサフラン（学名 *Crocus cartwrightianus*）の線刻銅版画、彩色。『クロッカス属の研究 *A Monograph of the Genus Crocus*』（1886年）より。サフランの生殖機能をもつ部分の図。

アクロティリ遺跡の壁画。サフランが豊富に穫れることが重要だったとわかる。

やせた土壌だ。すぐれたワイン用ブドウのように、最高品質のサフランを生産するには、ある程度「厳しい環境」が必要だとも言える。

野生種のサフランの原産地はミノア文明［紀元前2000〜前1400年頃に成立。クレタ文明ともいう］で有名なギリシアのサントリーニ（ティラ）島だと考えられていた時期があった。島内のアクロティリ遺跡で発掘された一連のフレスコ画が、その根拠とされたのだ。青銅器時代［ギリシアでは紀元前3000年頃から紀元前1200年頃まで続いた］後期にこの島で火山の噴火が起きて、その溶岩と灰に覆われて保存された壁画には、女神の指示のもと、女性とサルがサフランを摘んでいるようすが描かれている。

◉地中海世界のサフラン

アクロティリ遺跡で発見された文字や遺物からは、サフランを香水や医薬品として、おとなも子供も、とくに女性が（婦人科系の薬としても）多用していたことがわかる。少女の足のケガに女性がサフランを塗布しているようすが描かれた壁画もある。研究者たちは、この青銅器時代のサフランの描写の大半に女性が描かれていることから、サフラン収穫のおもな担い手は女性であり、また大事な柱頭についての知識を有し、それを利用していたのは多くが女性だったと推測している。

このように、壁画でサフランが大きく取り上げられ、また女神が描かれている（ミノア文明では神が薬と医療提供の役割を担うと考えられていた）ことから、サフランは宗教においても医薬においても重要視されていたと考えられる。一般市民の生活では、ミノアの女性たちが織り上げた、この島独特のボレロ・タイプの短い上着——壁画やつぼにも描かれている——を染めるのにサフランが使用されていたことがわかっている。また女性は化粧品としても使っていた。

しかし、ミノア文明では明らかに重要な存在だったにもかかわらず、サフランはサントリーニ島ではさほど盛んには栽培されていなかった。ミノアは自然に根ざした文明であることか

サントリーニ島、アクロティリの古代都市遺跡で発掘された3600年前の壁画。サフランを採集する女性。

ら、サフランの恵みも天上の神々がつかさどる気まぐれな自然にゆだねられたのである。サフランはおもに採集して手に入れるものだったとも言え、変わりやすい環境や天候において、手段も限られるなか、それでも「黄金の糸」を求める人々だけが入手できるものだった。そしてこうした状況は、サフランの稀少性と価値を高める方向にもっぱら働いたのだった。

ギリシアの他の島々やエジプトのフレスコ画でも、サフランはサントリーニ島同様に取り上げられており、またアクロティィリ遺跡の壁画にはダチョウの卵や象牙などエジプト由来の品々が描かれていることから、こうした地域とサントリーニ島のあいだでサフランの貿易が行われていたと考えられる。さらに、ミノア文明が最盛期を迎える1000年以上も前に生まれた旧約聖書の「雅歌」にもサフランは登場し、ヘブライ人（古代イスラエル人）も交易によってサフランを入手していたことがうかがえる。

サフランはフェニキア人商人を介してヘブライ人のもとにもたらされたようだ。セム語族［西南アジアから北アフリカにかけて広く分布する一大語族］のフェニキア人はレヴァント地方［地中海の東部沿岸地方］に起源をもち、現代のレバノンを中心に居住していた。

◉サフランを栽培する

古代世界の市場では採集された野生のサフランが取り引きされて、驚くほど遠くまで運ばれている。一方で、栽培することでサフランを安定的に収穫したのは紀元前10世紀のペルシア人だった。そしてサフランの球茎は、おそらくはこれもフェニキア人商人に運ばれて東へと向かったのだろう。

ペルシア人はサフラン栽培をはじめてすぐに、サフランの収穫は簡単なものではないと学んだはずだ。水はけのよい粗めの土壌でサフランはよく育つ。球茎は畝（うね）を立ててから2、3個まとめて――球茎どうしは2、3センチ離しておく――10センチから15センチほどの間隔で植える。現代では地中海地域や南アジア、北アメリカでサフラン栽培が行われているが、正しい植え方は地域によって少しずつ異なる。ペルシア人は粗い土壌を耕して長い畝を立て、そこにサフランを植えた。土色の畑にサフランが開花すると、あたり一面紫色のもやがかかったようになる。ペルシアの地を訪ねた古代の人々も、ここは作物が良く育つような土地ではないが、見渡すかぎりサフラン畑が広がっていると記している。

サフランを繁殖させ収穫する方法は、今も、古代ペルシア人が学んだものと基本的には同じだ。サフランの栽培地域にかかわらず肝心なのは、サフランの「母」球が次世代の小さな

ゾルビアとも呼ばれるジャレビ。南アジアや中東、またインド系移民の社会ではよく見られる菓子。

「子」球を生成するための十分なスペースを確保することだ。十分なスペースをとることでやがて土中に多数の子球ができるので、それを掘り出し、1個ずつに分けて再度植える。栽培地域の気候によっては、いったん球茎を掘り出して越冬させ、晩春から初夏に植えて秋に収穫することもある。子球を母球から分ける分球(ぶんきゅう)は、意外に判断が難しい作業だ。母球から切り離した子球のすべてが芽を出すわけではないから、あまり分球せずにそっとしておきたいと思う栽培者は多い。柱頭の収穫作業に支障が出るほど花が密集しない限り、厚くわらを敷いた畑に植えたままにしておくのである。

本当に大変な作業がはじまるのは、秋に開花してからだ。サフランは栽培に手間がかかるだけでなく、機械ではなく手で摘み取っても非常に傷みやすく、また摘む時間がごく限られている。収穫は朝のうちに行うが、朝露が消えたらすぐにはじめ、花が陽にあたってしぼむ前に済ませなければならない。つまり、かがみこんでサフランの花を茎から摘むというひどく骨の折れる作業を手早く終わらせる必要がある。

そうして収穫した花からさらに柱頭を摘み取る作業も同じく手早く済ませなければならない。収穫した花はすぐにしおれはじめる。摘み取った柱頭は乾燥した場所に広げてガーゼか薄い布で覆う。大量生産を行う現代の栽培者は、柱頭を迅速、均等に乾燥させるために低温の乾燥機を使用する。

◉ほんのわずかのために

サフランの柱頭1キロを生産するのに必要な花の量は栽培地や状況によって異なり、7万から20万個ほどと幅がある。たとえば、ジョン・ティムズの『一般にあまり知られていないことの解説――老若男女のための書 *Things Not Generally Known, Familiarly Explained: A Book for Old and Young*』（1866年）には、イングランドのエセックス州で栽培されたサフランについての記述があり、1ポンド（約450グラム）のサフランの柱頭を生産するのに4万個の花が必要だと書いている。[3] ティムズはこう続ける。「古い記述には20万3920個の花が必要だとあるが、これはとんでもない誇張だ」。確かにティムズでなくとも、これほど細かな数をどうやって導き出したのだろうと思うはずだ。

ひとつの花から穫れるサフランの柱頭はわずかであるため――1個の花からは糸のような柱頭が3本しか穫れない――大量のスパイスを生産しようとすれば広大な土地が必要になる。さらに、サフランの生産には厖大な労働力を必要とするため、安価で労働力をまかなえる地域でなければならない。アフガニスタン、イラン、インドのカシミール地方といった地域でさえ、この低賃金の労働を担っているのは多くが女性や子供たちだ。

アメリカ、デラウェア州に入植したイギリス人農夫、ジョン・スパリエは著書『篤農家

アフガニスタンでサフランを収穫する女性

The Practical Farmer』（1793年）で、サフラン収穫の工程を次のように述べている。

サフランの収穫に最適な時間帯は早朝であり、花をすべて摘んで集め、少量ずつカゴに詰める。摘んだ花すべてをもち帰ったら、すぐに大きなテーブルの上に広げる。それからサフランの花柱を摘み取る作業に取りかかる。雌しべの柱頭とその下の長い部分を一緒に摘み取り、花のほかの部分は不要なので廃棄する。[4]

中東では、「不要な」花は一般に家畜のエサにする。

◉高価な理由

新世界アメリカでサフラン栽培にもっとも成功したのはシュウェンクフェルター派の人々［16世紀ドイツの宗教改革者シュウェンクフェルトに従う人々。現代ではペンシルベニア州にシュウェンクフェルター教会がある］であり、メノナイト［16世紀オランダの宗教指導者メノー・シモンズを信奉するプロテスタントの一派。北米に信者が多い］がそれに続く。祖国ドイツではサフラン栽培家として知られていたシュウェンクフェルター派の人々が、新世界へサフランの球茎をもち込んだのだ。マーティン・キーン氏は、ランカスター郡に移住した最初のメノナイトの子孫だ。キーン氏は食品科学を学び、10年以上にわたってサフランの栽培と販売をてがけ、小規模な家族農園で扱う作物の多様化を進めている。キーン氏は、家庭菜園や母や祖母のレシピでサフランに親しんできた。

10年あまりサフラン栽培に取り組むなか、キーン氏は、専業農家から家庭菜園を楽しむ人まで、このスパイスがもたらす大きな収入に釣られて多くの人がサフラン栽培に手を出すのを目にしてきた。サフランの産地や等級次第で、1ポンド（約450グラム）あたり数百ドルから数千ドルにもなるのだ。彼らの目に見えているものは、法外な現金を生む——ほかのどの作物よりも入ってくる金額が大きい——作物だ。しかしキーン氏は言う。サフランの生産にどれほどの手作業が必要か、あの人たちは十分に理解していないのです、と。

1時間花の摘み取り作業をすれば、柱頭を摘むのにその3倍の時間がかかり、しかもできるだけ手早くその作業をこなさなければなりません。大量に摘み取ろうものなら、すべての作業をこなすためには、ひと晩に2、3時間しか睡眠をとれません。サフランの収穫に必要なのは強い足腰です。考えていたりしてはだめです。だから、この作業がまわってくるのは、とにかく賃金が安くて済む人たちのところなのです。

概算すると、現代では、1キロのサフランを生産するのに400時間の労働が必要だ。[5]スパイスになるまでに非常に手のかかるサフランは、まさに、しっかりとした技術と知識をもった生産者が、手間暇かけて栽培と収穫を行う必要がある作物だ。そしてそうした大きな手間に対して、消費者は金を支払う。しかしサフランが高額であるにもかかわらず、キーン氏はこう主張する。消費者にとっては決して高い買い物ではないのです、と。

結局消費者は、生産者の労働に見合うだけの金額を支払ってはいないというのが本当のところです。サフランの花1個は7セント程度でしかないのです。花屋に行って花束を買うとします。そうした花はみなサフランほど手をかけて栽培されてはいませんが、1本7セントどころではありません。サフランは重量の割には高額のように思えますが、驚くほどの労働力が必要です。サフランの生産にかかる労働力を考えれば、消費者は得な買い物をしていると言えます。[6]

第2章◉古代社会とシルクロード

この狡猾な種(しゅ)を警戒すること。サフランが料理に使われるときは、人を惑わせ頭の働きを鈍らせるためである。

――ペルシアへと向かう旅人に対する古代の警句[1]

◉サフランを愛したペルシア人

レヴァント地方の熟練の水夫であるフェニキア人はスパイスとしてのサフランとその球茎を祖国にもたらした。そしてそのサフランは、フェニキア人による交易を通じてエジプト、イラン（ペルシア）、そしてローマ帝国にもち込まれた。

そうした国々のなかで、交易で手に入れた黄金の糸に一番夢中になったのがペルシアだった。それは「とりつかれた」としか言いようがないほどで、古代ペルシア人は独自の工夫を

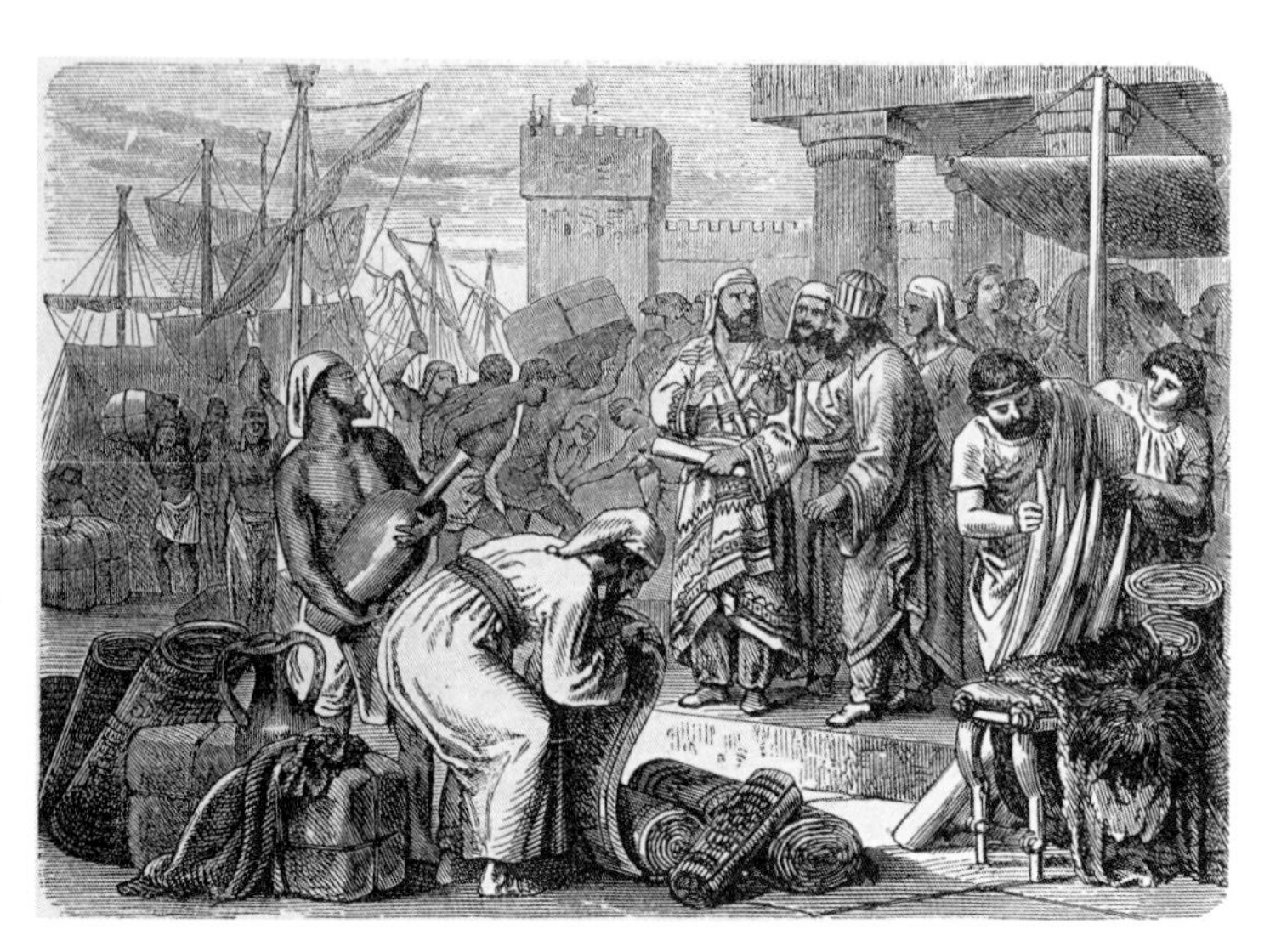

フェニキア人は海路や水路を用いた貿易を盛んに行って成功し、サフランをギリシアからエジプトや中東へともたらし、そうした地ではサフランが栽培された。『英国人のための世界図史 *The Illustrated History of the World for the English People*』第1巻（1881年）より。

施して、サフランを日用品から化粧品、薬、食品にいたるまで、ありとあらゆるものに取り入れた。

紀元前10世紀にはすでに、1000年ほどのちにとても有名になるペルシア絨毯のごく初期のタイプが誕生しており、その織物にはサフランの糸も織り込まれていた。のちには、サフランの柱頭から抽出される濃い黄色は、緻密な庭園のデザインを織り上げたこの絨毯に欠かせない染料となっていく。またペルシア人にとってサフランは死に際しても欠かせないものであり、埋葬する死者を包む白布をサフランで染めた（同様に、エジプト人も高貴な人のミイラ

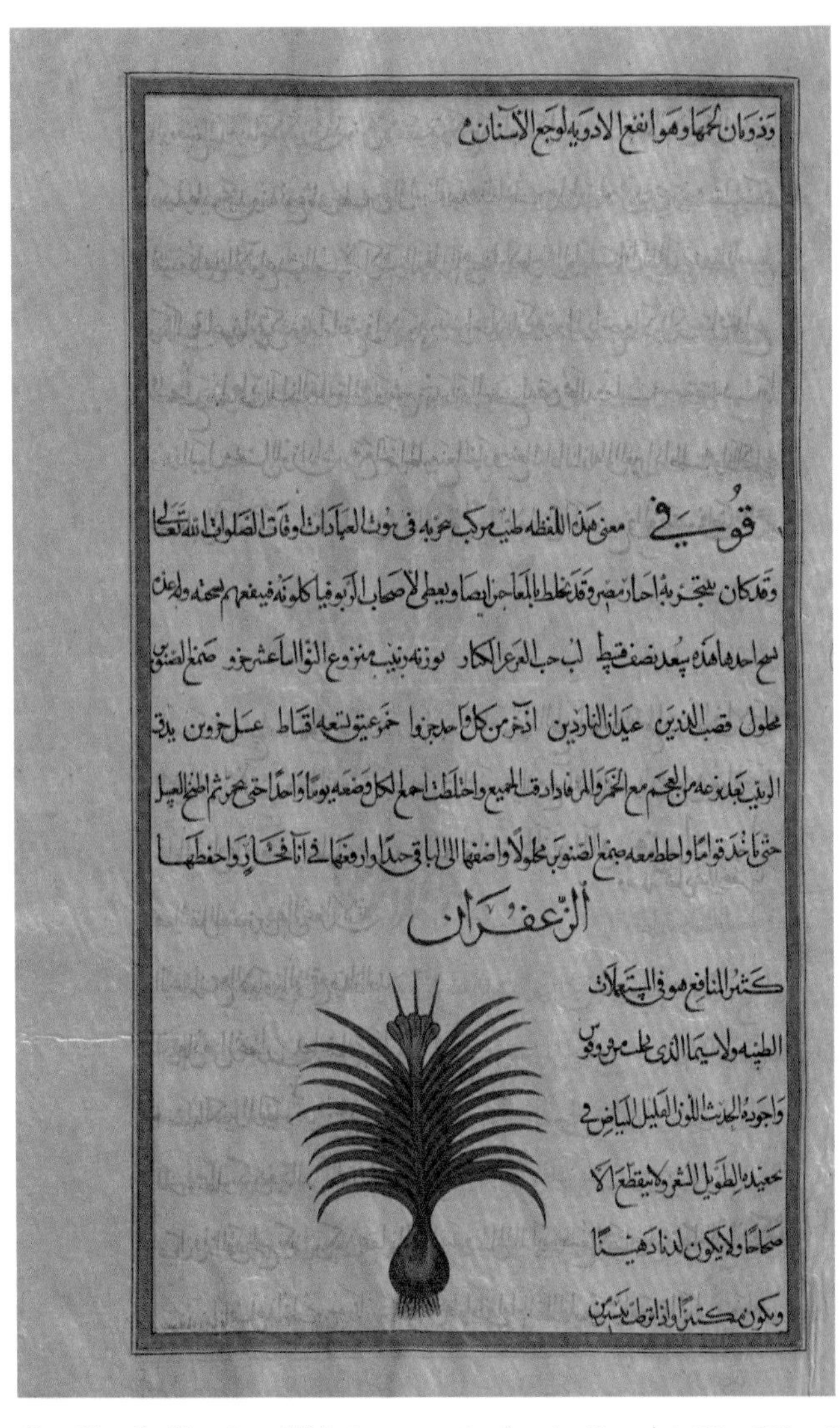

ミルザ・バキル作「サフラン（学名 *Crocus sativus*）、al-za'furan」fol.29、1889～90年。

をサフランで染めた布で包んだ)。ペルシア人はまた、サフランを入浴の際に湯に溶いた。すっきりとしてさわやかな香りがするサフランは洗剤としても使われ、また打ち身や切り傷を和らげる薬剤でもあった。だが、この貴重なスパイスがペルシアでもっとも使われたのは、料理の分野だった。

古代のペルシア人は非常に洗練された食事を摂っていたことで知られ、現代のイラン料理と同じく「冷と温 (sarde o garme)」の原則に従って料理した。これはインドの食事法「アーユルヴェーダ」とよく似た性質のものだ。ただし「温」の食物が必ずしも辛いわけでも温かいわけでもないし、「冷」の食物も冷たいものだけを指すのではない。「冷と温」とは温度に限定した概念ではなく、食物が本来もつ性質や、その食物が人体の代謝においてどう働くかという点に基づいた原則なのであり、病気から身体の使い方まで、生活のすべてに作用する。たとえば、人が「温」の食べ物が引き起こしたと思われる病——発疹など——にかかっているとしたら、その解毒薬として「冷」の食べ物を摂るのだ。

今もそうだが、古代ペルシアの料理人は、冷と温の食物を毎食バランスよく調理することを心がけた。そしてサフランは温の性質をもつものとされ、煮込み料理やデザート、お茶や薬湯の風味づけに使われた。なかでも、コメと具材を交互に重ねて蒸したり炊いたりする「ポロウ」にはサフランがスパイスとして欠かせないことはよく知られている。このペルシア料

ビリヤニはサフランを使い具材とコメを交互に重ねて蒸した料理で、ムガル帝国時代にイラン経由でインドにもたらされた。

理はとても有名で、ムガル帝国［インド史上最大のムスリム帝国。1526～1858年］時代のインドで生まれたビリヤニやのちのピラフは、この料理から発展したものだ。またペルシア料理に欠かせないコメは「冷」の食物だとされ、このため「温」のサフランと組み合わせることは理にかなっているし、望ましい調理の仕方だ。

◉「王の道」

このようにサフランをさまざまに利用していたペルシア人は、交易でのみ限られた量のサフランを入手するという状況をそのままにしてはおかなかった。紀元前10世紀には、イランの広大な土地に広がる整然と耕された畑で、サフランが本格的に栽培されていたのだった。

野生種のサフランの原産地がギリシアなら、ペルシアはサフランが世界に広がった起点だ。革袋やポケットに入れて最初にサフランを運んだのはフェニキア人商人だったが、「王の道」を使ってサフランへの愛を世界に広めたのは古代ペルシア人だった。「王の道」とは、広大な国――紀元前6世紀半ばに成立し、最盛期には中東全域からコーカサス地方、北アフリカ、そしてギリシアとトルコを経由してヨーロッパとの境界にまで広がるペルシア帝国――の大半を通る幹線道路だ。おそらくはアッシリアの王たちが造った古代のルートを利用した王の

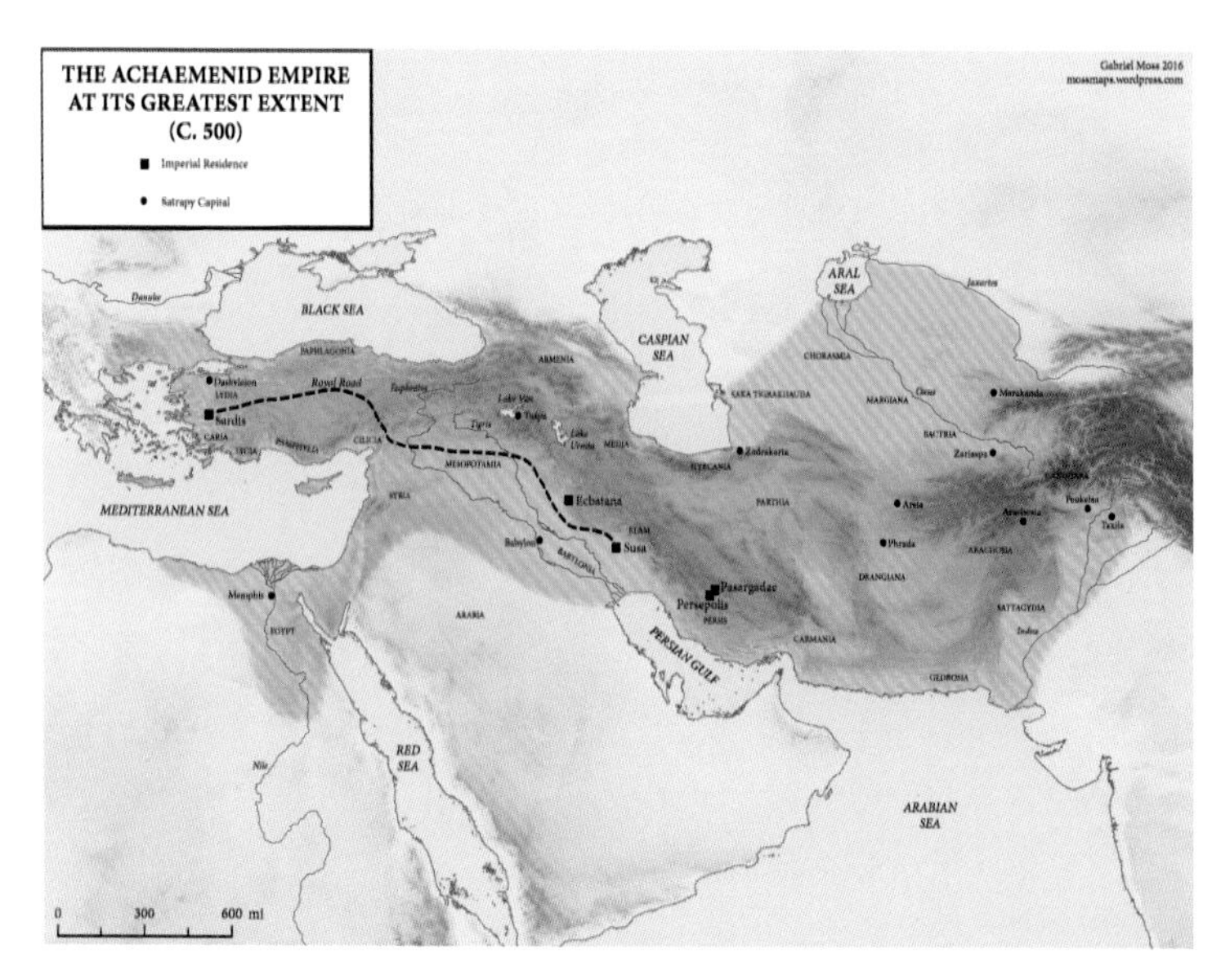

王の道は、紀元前5世紀、ダレイオス1世統治下のペルシア帝国における幹線道路だった。ペルシア帝国の最盛期に、サフランはこの道を通って運ばれたのだろう。

道は、元祖「ポニー・エクスプレス［馬による郵便速達］」が使う、伝達使のための道だった。古代ギリシアの歴史家、ヘロドトスもこう述べている。「雪も雨も酷暑さえも、また夜の闇さえも、伝達使が速やかに任務をまっとうすることを妨げられはしない」[2]

またこの古代のルートは、ペルシア帝国勃興以前、アッシリア帝国——古代のオリエント一帯を治めた——の時代にもサフランの輸送に使われていたと思われるが、それには根拠がある。アッシリア帝国は紀元前7世紀、アッシュールバニパル王の統治期に全盛期を迎え領土も最大となったが、その当時と少しあとの帝国崩壊まで、のちのペルシア帝国の一部が含まれていたからだ（アッシリア帝国崩壊後、古代ペルシア人が、アッシリアの地を含む帝国、アケメネス朝ペルシアを建設した）。

アッシュールバニパルもそれ以前のアッシリアの王たちも、植物を愛でたことで知られた。当時のようすを記した古代の文書（もんじょ）には、彼らが王宮の庭園に愛情を注いでいたとあり、そこでは交易や征服によってもたらされた異国の植物が栽培されていた。こうした美しい庭園でも、サフランの花はひときわ目立っていた。アッシリア帝国の首都ニネヴェにあったアッシュールバニパル王の庭園は、実は、ヘロドトスが古代世界の七不思議のひとつとした「バビロンの空中庭園」だったのではないかと考える学者もいる。アッシュールバニパルが書いたと言われる植物に関する古代の文書には、サフランを薬草とする利用法が記されている。

ジェームズ・ファーガソンによる銅版画「ニネヴェの王宮復元」。サー・オースティン・ヘンリー・レヤード『ニネヴェの遺跡 *The Monuments of Nineveh*』（1853年）より。

これ以外にも、新アッシリア〔アッシリア帝国のうち、紀元前934～紀元前610年頃までの時代を指す〕の都市アズピラヌが「サフラン・シティ」とも呼ばれたという記述も残っているが、サフランが大規模に栽培されていたためにこう呼ばれたのか、スパイスとしてのサフランの交易拠点だったからなのかは不明だ。

のちにペルシア人は、それ以前のアッシリア人と同様に（あるいはアッシリア人の庭園を参考にしたのだろう）、壁で囲われ緑が豊かに茂る庭園「パラデイソス paradeisos」（「楽園 paradise」の語源）で有名になり、そこには果物のなる木やめずらしい植物が植えられていた。美容目的のものもあったが、多くは料理の材料や薬として利用するためのものだった。ここでも中心にあったのがサフランだった。

ペルシアのライス・プディング。あざやかな色と芳香を出すのにサフランは欠かせない。

帝国建設に邁進するペルシア人は、ペルシア文化の影響を広めようと各地にサフランの球茎をもたらした。今から2500年あまり前には、サフランはインド亜大陸のカシミール地方にまで広がっていた。実際、紀元前6世紀にはこの地でサフランがとても盛んに栽培されており、カシミール産のサフランはフェニキア人の交易ルートで非常に人気の高い商品になっていた。その結果サフランは、スパイスとしてだけでなく香水や薬としてギリシアに里帰りした。カシミール地方の気候は強い芳香と濃い色をもつサフランの柱頭を生んだ。このためギリシアやペルシア産サフランの価格を上まわるまでになり、ギリシアやペルシアでさえもその評価は高かった。カシミール産サフランは今日も世界最高の品質という評価を受け、また世界一高額だ。

世界征服を目指すマケドニア〔多くが現代のギリシアに属する古代王国〕のアレクサンドロス大王が東へと向かい、紀元前4世紀にペルシア帝国に侵攻した頃、ペルシア人のサフランへの愛はすでに確固たるものだった。マケドニアの王にサフランについての知識がすでにあったのは確かだが、それでも、ペルシア人がこのスパイスに熱中するようすは驚きだったに違いない。しかし大王もまた、このスパイスの虜になった。

◉アレクサンドロス大王

アレクサンドロス大王が武力で征服した国々のなかで、ペルシアほど大王に影響をおよぼした地はなく、大王はすぐにペルシアの習慣すべてを取り入れた。ペルシアの衣服を身にまとい、ペルシア人の礼拝の様式を採用し、また征服したペルシア帝国の王ダレイオスの王女、スタテイラを妻とした。大王がペルシアの文化を取れ入れたなかでも際立っていたのが、サフランをふんだんに利用する習慣だった。それは、具材とコメを交互に重ねて蒸し、サフラン水で黄金の色を出した料理にはじまり、サフランを大量に浸した薬湯にいたるまで、さまざまにおよんだ。この薬湯は筋肉痛をやわらげたり、戦場で負った傷を治す効能があったと言われている。大王はサフランの治療効果は非常に高いと考え、自軍の兵士すべての治療に用いるように指示してもいる。

アレクサンドロス大王は、サフランは薬としての効用が高く、文化としてもすばらしいと考え、貴重なサフランの糸をふんだんに使用した。大王が征服した地でサフランを売って歩く商人たちは、こうしたことを効果的な宣伝文句として使った。征服を成し遂げたアレクサンドロス大王がすでに神のようにあがめられていた地中海沿岸地域では、とくにその効果は高かった。自分が扱っているサフランは大王が使っているのと同じものだと宣伝したり、大

マケドニアのアレクサンドロス大王は紀元前4世紀にペルシア帝国を征服してその習慣を取り入れ、ペルシア人同様サフランの虜になった。ローマ帝国時代、イタリア、ポンペイにあった「ファウヌスの家」の床を飾っていたモザイク「イッソスの戦い」（紀元前100年頃）の一部。ナポリ国立考古学博物館所蔵。

王がサフランというスパイスに見出した多くの利点をまくしたてたりして、商人たちは人々の購買欲をあおった。マケドニアの王はサフランにとっての広告塔となったのだと言えるだろう。

●広がるサフラン

その100年後、イランの地［当時はイラン系のパルティア帝国（紀元前247〜紀元224年）］は絹貿易の中心地となり、東の中国と、中東およびはるか西のヨーロッパとをむすぶシルクロードの北ルートの中継地として機能していた。商品の流れは一方的なものでもなければ、扱う品が絹に限られていたわけでもなかった。イランから中国に入って来た交易品として、デーツやピスタチオ、そしてサフランも記録されている。紀元3世紀の呉の政治家、萬震（ばんしん）は、カシミール地方ではサフランが栽培され、そこでは酒にサフランを混ぜて香りづけし、サフランの花を仏陀に供えていると書いている。[3] つまり、カシミール地方を通るシルクロードの南ルートを介して、サフランが中国にも入っていたと考えられる。

中世中国の書物からは、サフランが使われていたのは酒の芳香づけだけではなかったことがわかる。このスパイスは医療においてとくにある目的で使われ、それは今日も同じだ。サ

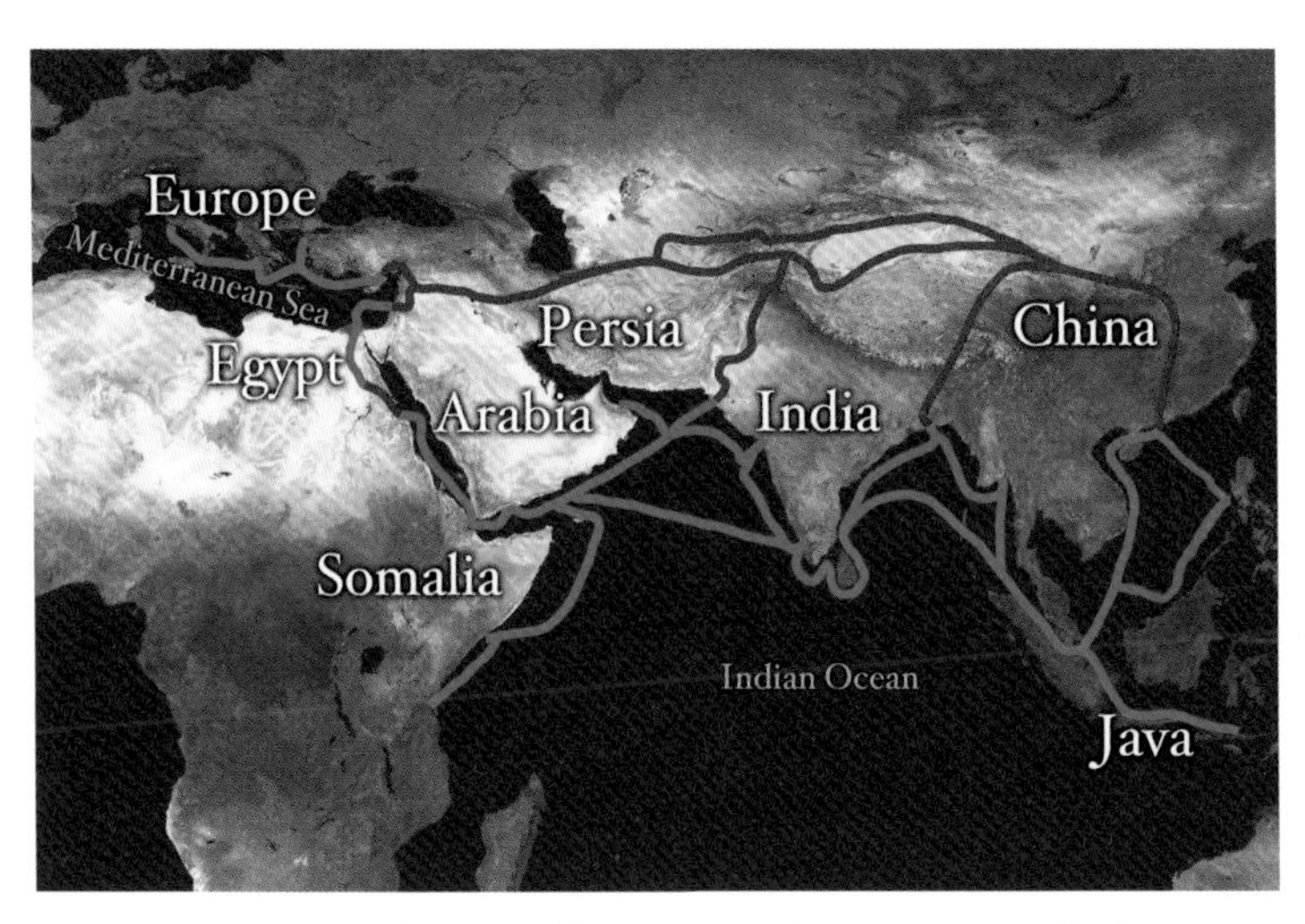

シルクロードはペルシア帝国の王の道よりもさらに遠くまでサフランを運び、このスパイスはインド、中国、ヨーロッパにもたらされた。

フランは不快臭を消し、また一般に、身体の「気」――あらゆる生き物に流れる「生命エネルギー」――のなかでも悪いものを浄化すると考えられていた。この当時の中国では、香水もサフランを原料に作られていた。しかし中国では、中国伝統の料理にサフランが使われた例はあったとしてもごくわずかであり、それは今日も変わらない点は興味深い。

帝国の浮沈を目にしたサフランは、古代社会を渡り歩いた傭兵とどこか似ているとも言える。そして、征服を経て強制的あるいは好意的な文化の交流があり、また水陸を介した交易事業がかつてないほど拡大するなか、サフランはスパイスとして、あるいは栽培用の球茎として、つねに売れる商品であり続けた。異国から入ってくる品には流行遅れになったり人気を失ったりするものもあったが、サフランの人気は変わらなかった。

ヨーロッパを支配した最後で最大の帝国であるローマ――紀元5世紀にローマ帝国が衰退すると、西ヨーロッパでは暗黒時代がはじまった――の人々は、ほかの古代文化と同様にサフランに魅了された。古代のローマ人が、最初はミノア人との交易で、のちには帝国の領土拡大のための遠征でサフランに出会ったことは間違いない。ローマ帝国は今日のヨーロッパの大半と中東の一部および北アフリカを支配下においたため、サフランをさらに西方へと伝えるのに最適な位置にあり、そしてサフランは帝国中に広まった。ローマの人々がふんだんにサフランを使ったのは、帝国がもつ気が遠くなるような富を見せつけるためでもあった。

IL NEST point estrange que le feu tom=
bant du ciel brusle les lieux qu'il attainct
mais il est monstrueux de le voir yssir

大プリニウスは『博物誌』でサフランの伝播について大きく取り上げている。ピエール・ボエスチュオ『驚異の歴史 *Histoires prodigieuses*』（16世紀）の挿絵。

入浴時にはサフランを湯に入れ、香水に利用し、サフランを使ったぜいたくな食事を作った。また街路に撒いて、日常生活で出る悪臭を消すという使い方までしていたのだ。

第3章◉中世とルネサンス期のサフラン

付近の他の地域では穀物が栽培されているが、ケンブリッジシャーのサフラン・ウォールドンでサフランが大量に栽培されていることはよく知られている。

——ジョン・ジェラード『本草書あるいは植物誌 *The Herball: or, Generall Historie of Plantes*』（1597年）

◉ムーア人

ヨーロッパでは、ローマ帝国の拡大とともにサフランも広まったと言えるが、紀元476年に西ローマ帝国が崩壊して中世がはじまると、サフランの生産量も減少した。その300年ほどのち、スペインにサフランをもち込んだのがムーア人——北アフリカのムスリム——だ。ムーア人はイベリア半島に覇権を確立し、それは800年近くも続くことになる。

この時代はヨーロッパにとっては「暗黒時代」とみなされたが、ムスリムが治めた帝国では芸術や文化、科学が栄えた。スペインに入ったムスリムの征服者たちは灌漑施設を作ったため、スペインで本来栽培されていた作物の収穫量は激増し、また祖国の作物をもち込み栽培できるようにもなった。そのなかでも成功したのがサフランだ。

スペイン中南部のラ・マンチャをはじめとする地域はサフラン生産の中心地となり、その交易で富を得た。スペインのこの地域の定紋（じょうもん）［正式な家紋］や自治体の紋章にはサフランの花を用いたものが目立つ。またサフランを意味するスペイン語「azafran（アサフラン）」はアラビア語でこのスパイスを意味する「zafaran（ザファラーン）」由来で、どちらも発音は「saffron（サフラン）」とよく似ている。

ムーア人はサフランを料理と医療に利用した。それがスペインにも影響をおよぼしたことは、現代にもサフランを使ったコメ料理のパエリアがあることからもわかる。パエリアはスペインの伝統料理のなかでも一番有名だと言えるほどで、中東の、コメと具材を交互に重ねて蒸す料理にとてもよく似ている。

中世イスラム世界の医師たちは確信をもってサフランを医療に利用しており、サフランがもつ医薬品としての効能をまとめた書も多い。12世紀には、ペルシア人医師イブン・スィーナー（アヴィセンナ）が、目や肝臓の病気、呼吸困難から婦人科系の疾患まで、あらゆる病

サフランの柱頭を摘むスペインの女性たち。19世紀末か20世紀初頭。

スペインの伝統料理であるパエリアは、おそらく「ポロウ」から発展したものだ。ポロウを取り入れていたアラブ人がスペインに侵攻したことで伝わった。またポロウはイランやムガル帝国ではビリヤニとなった。

気に利用できると記している。13世紀のアラブ人医師イブン・アンナフィースもまた、顔色の改善のために強心薬としてサフランを使用することを勧め、睡眠薬や頭痛やうつの治療薬にもなると書いている。

今日でさえも、科学的裏づけはない話だが、サフランを摘んだり詰めたりといった作業をしていると、サフランのうっとりする香りのために強い幸福感で満たされるとも言われている。このため研究者たちは、歴史書に残されているうつ薬としての効能を科学的に検証しようとしている。[1] 中世には、臓器の不調や皮膚障害などに効く収斂剤［傷口や粘膜を引き締める薬］であることもよく知られていた。[2]

長期にわたってムスリムの影響下にあったイベリア半島ではずっとサフランをさまざまに利

用していたが、ヨーロッパのほかの地域ではサフランを使い続けていたわけではないようだ。しかし十字軍遠征がはじまってヨーロッパの人々がふたたび中東に入ると、それも変わった。

●十字軍

ヨーロッパのキリスト教徒はムスリムの支配下にあった聖地エルサレムを武力によって奪還しようとし、十字軍の遠征を11世紀から13世紀まで続けた。大半がフランス、ドイツ、英国出身者である十字軍の兵士たちは、中東のムスリム領地に数か月、ときには数年間滞在した。そしてボスポラス海峡を渡ってコンスタンティノープル（のちのイスタンブール）を通り、ビザンティン帝国［東ローマ帝国。コンスタンティノープルを首都とし、キリスト教を国教とする］に戻った。そのビザンティン帝国は極東との主要な交易ルートを長く支配していて、サフランの輸入路でもあった。そしてサフランは帝国全域で薬や香水として利用されていた。

トルコのムスリムによる侵攻が次第にコンスタンティノープルに迫っていて、以前よりも貿易に危険が伴うようになってはいたが、サフランへの愛は中世の時代も冷めることはなかった。またトルコも、古代にはサフランの栽培と交易でよく知られていた。紀元1世紀のローマ人作家コルメラは、キリキア——現代のトルコにおけるチュクロワ付近——の町コリクスはサフランで有名だと書いている。

トモロスとコリクスはサフランの花で、ユダヤとアラビアはその貴重な香りで有名だと言われている。しかし我が社会にもサフランがないわけではない。この街の多くの地域では、あるときはカッシア［香辛料や薬用に栽培される小高木］や乳香樹（にゅうこうじゅ）［低木の薬用植物］が葉を茂らせ、またあるときは没薬樹（もつやくじゅ）［香料や薬などに利用する樹木］やサフランの花が咲く庭園もある[3]

コルメラの「我が社会」とは今日のスペインのカディスだ。

十字軍がビザンティン帝国内を前進してエルサレムを目指した時代には、ヨーロッパから来た十字軍兵士たちがその地にあったさまざまな異国のスパイスや食物にふたたびふれたはずで、もちろんそのなかにはサフランもあっただろう。十字軍は1099年にエルサレムに到達し、90年近くにわたってこの都市を占領した。その後13世紀にはふたたび、20年たらずだったがここを支配している。

占領された都市は征服者による監視が必要であり、ヨーロッパの人々は執行官や兵士としてエルサレムに住居をかまえた。彼らの多くは中東の女性を妻に迎え、そうした妻たちはサフランを使った料理を作り、またサフランを香水や薬としても用いた。ヨーロッパから中東にやってきた人々と、彼らが占領した地に元から住む人々との交流によって、ヨーロッパの人々がサフランを好むようになったのは当然の成り行きだった。そして彼らはこのスパイスをヨーロッパにもち帰った。サフランの球茎を荷物の奥に隠したり、ほかのスパイスのなかに柱頭を紛れ込ませたり、絨毯や織物で包んだりしてこっそりと運んだのである。

この時代にヨーロッパでふたたびサフランの人気が高まったという事実は、史料にもしっかりと記録されている。そして腺ペストが流行すると、サフラン熱は頂点に達した。サフランがこの病気の治療薬として効果があると広く信じられていたからだ。

料理の分野では、中世の西ヨーロッパ全域で、レシピや買い物リストにサフランが登場する。フランドル地方〔フランス北端部からベルギー西部にかけての地域〕のある中世の料理書にはウサギ料理に添えるソースのレシピが載っており、それにはシナモン、サフラン、ショウガ、砂糖が使われている。13世紀末のフランスの料理書『ル・メナジエ・ド・パリ *Le Menagier de Paris*』には結婚披露宴のための食材のリストがまとめてあり、「ヒハツ〔長コショウ〕、ガリンゲール〔ガランガル。ショウガと似たスパイス〕、クローヴ、サフランその他のスパイス」などが書かれている。

◉東西をむすんだヴェネツィア

この当時のヨーロッパの人々にとって、サフランのもっとも確実な入手先が、イタリア半島の付け根の東側にあるヴェネツィアだった。ヴェネツィアは長く、キリスト教への忠誠と商業重視主義を天秤にかけて抜け目なく立ちまわってきた。また、東西間のスパイス交易における仲介者として、その高収益の事業を長期にわたって独占しようとする姿勢は世界でも知られていた。ヴェネツィアはアドリア海に面するという理想的な地にあり、大きな交易権を獲得していた。

またヴェネツィアの人々は船乗りとしても優秀であり、コンスタンティノープルへの航海も難なく行えた。そしてヴェネツィアが確立した交易ルートは海のシルクロードのなかでも大きな役割を果たした。

独立した都市国家であるヴェネツィアが、第4回十字軍を主導して1204年にコンスタンティノープルの攻撃と略奪を行うと、スパイス貿易を通じて計り知れない富を手に入れる道が開かれた。ヴェネツィア商人がシルクロードを介してペルシアやはるかモンゴル帝国と交易するようになるまで、そう時間はかからなかった。モンゴル帝国はあっという間に勢力を拡大し、13世紀末には、その領土は中東の大半と中国全域、東南アジア、ロシアの一部とインド亜大陸の北部にまでおよんでいた。なかでも注目すべきがインドのカシミール地方だ。モンゴル帝国との交易は、サフラン市場を支配する人々と取り引きするということでもあったのだ。

◉ヨーロッパでサフランを栽培する

十字軍のなかにはサフランのスパイスだけでなく、祖国で栽培しようと球茎をもち帰る者もいた。当時は球茎をムスリムの交易地域からもち出すことに対する罰が厳しく、死刑になることすらあったのだから、これはかなりの冒険だったと言える。にもかかわらず、祖国までもち帰ることができた例がかなり多かったことは間違いない。小規模ではあったが、サフラン栽培の文化がその後の西ヨーロッパの各地で花開いたからだ。

これがよくわかる例が英国のサフラン・ウォールデンだ。この町にはある伝説が残っている。13世紀にキリスト教徒の巡礼者がエルサレムへと旅し、1個のサフラン球茎を荷に紛れ込ませて英国にもち帰った。それを、自分が住むエセックス州のこの町で増やしたという。この町は本来の名をチッピング（「市場」の意味）・ウォールデンといって、中世では羊毛の取り引きでよく知られていた。しかし16世紀に入るとこの地域はサフランの生産が盛んなこ

ラファエル・タック＆サンズ社、「古い家々、サフラン・ウォールデン」1906年頃、絵葉書。

とでとても有名になり、サフラン・ウォールデンという名に変わった。

サフラン・ウォールデンではやがてサフランは栽培されなくなったが、この町が英国のサフラン生産の中心地になったいわれは語り継がれている。ジョン・ティムズは1866年の著書『一般にあまり知られていないことの解説』でサフランに2ページを割いている。そして、それより200年以上前の英国の作家リチャード・ハクルートが、サフランと、それがエセックスにもち込まれた経緯について述べた言葉を引用している。

ハクルートはサフラン・ウォールデンの町で、エドワード3世の統治期にレヴァントから英国へとサフランの根を初めてもち帰った巡礼者の話を聞いた。その巡礼者は、自分の荷にすき間を作り、そこにサフランを隠すことを思いついた。ハクルートは言った。「そして彼は命を賭して、その根をこの地域にもち込んだのだ。見つかって捕らえられ、その根をもち出した国の法律で裁かれていれば、命を落としていたのだから」[4]

◉黒死病とサフラン戦争

14世紀、黒死病としても知られる腺ペストがヨーロッパ全域で猛威を振るった時期には、異国産であれサフラン・ウォールデンのような地元の町で栽培されたものであれ、サフランの入手がとても難しくなった。サフランがこの病気の治療薬であると考えられていたこともその理由のひとつだが、この病気でサフランの栽培農家が多数命を落としたのも一因だった。この大きな労働力を必要とする作物を育て、収穫するための人手がなくなったのだ。それは、サフランの治療効果を信じていた人々に効き目がないという、なんとも皮肉な事態だった。

この時期に死に物狂いの奪い合いが起きたことがきっかけとなり、ヨーロッパの国々はふたたび、我先に、このスパイスを主要産地から確保しようと動きはじめた。しかし腺ペストに苦しみサフラン熱にとりつかれたヨーロッパは、残念ながら、サフランの貴重な柱頭を、その産地であるムスリム諸国からすんなりと入手することはできなかった。十字軍遠征で東のムスリムと西のキリスト教徒が激しく戦ったあとの時代だったからだ。

ヴェネツィア商人でさえサフランの確保は難しくなり、古代社会で世界にサフランを供給していたギリシアに、ふたたびその役割がゆだねられた。サフランの価格は跳ね上がった。ヴェネツィアの商人が正当に確保できる量が限られ、また遠く離れたヨーロッパの市場まで運ぶ手間がかかったためだ。またそれまで同様、この貴重なスパイスの収穫には大きな労働力を要したために価格はさらに上昇した――これは現代でも同じだ。

こうした状況をよく物語っているのが、14世紀のサフラン戦争だ。サフラン363キロ

イブン・ブトラーン「サフランを摘む小作農」。中世の健康の手引書『健康全書 *Tacuinum sanitatis*』（1380～99年）より。

を運ぶある商人の荷が、スイスのバーゼルへと向かう途中で強奪された。この荷は現在の価格にして30万ドルから50万ドル程度の価値があった。サフランの荷は最終的には戻ってきたものの、14週間にわたって奪われたままで、その間に激しい戦いが交わされた。この一件では盗まれた荷の価値の大きさに注目が集まるが、こうした事件はめずらしいものではなかった。サフラン目当ての攻撃はよくあることで、海賊は金を積んだ船には目もくれず、サフラン貿易を行っているヴェネツィアやジェノヴァの貨物船に狙いを定めていたほどだったのだ。

●もっとサフランを!

市場への供給が限られていることへの懸念から、ヨーロッパではサフランを栽培しようとする動きに拍車がかかった。バーゼルでは、地元の人々が細かく厳しい指導を受けて球茎を育て、サフラン栽培は10年近くかなりうまくいった。サフランを泥棒から守るための警備は武装までし、球茎を掘り起こして町の境界の外へともち出そうとする者には厳しい罰が科された。

英国とスイスに続き、オーストリア、ドイツ、フランス、ギリシア、イタリアがサフラン栽培に参入するなかで、ヨーロッパにおいて、このスパイスをはじめとする品々の輸入の中

ヨーロッパのはるか北の地方でも、サフランを使っておいしい料理を作っていた。スカンディナヴィア地方では、こうしたクリスマス用のパンにずっと昔からサフランが使われてきた。

心地となったのがドイツのニュルンベルクだった。ニュルンベルクがサフランの取り引きでヨーロッパをリードする立場になったのは、市場への先見性があったことにくわえ、13世紀から14世紀にかけて、ヨーロッパ全域で有利な貿易協定をむすんでいたためでもあった。ニュルンベルクは関税切り下げ合意や無害通航協定、相互貿易協定などを交わしていたのである。[5]

商業の中心地としての地位を保つために、ニュルンベルクの指導者たちは、少しでも貿易事業の支障になることに対しては神経をとがらせた。この都市最大の利益を生む商品であるサフランとなればとくにそうだった。サフランの偽装は海賊や密輪と同じく問題になっており、15世紀には、ニュルンベルクは偽物のサフランが出まわるのを阻止する法律（Safran-schou）を制定した。この一連の法はサフランの偽装に対する罰則を規定するものだった。罪の重さによって、罰金や投獄や拷問、さらには生き埋めなどによる死刑までが定められていた。

こうしてサフランを守ったおかげで、ニュルンベルクでサフラン交易事業に携わる人々は裕福になった。16世紀の女性実業家カテリーナ・イムホフ・レンメルもそのひとりだ。家族が運営するサフラン事業で働いたのち、レンメルは修道女となった。バヴァリア地方、マリア・マイのビルジッタ会の修道院に入るが、そこの修道女たちは、覚醒作用や神経鎮静作用をもつサフランを過剰と言えるほどに使用していた。

中世の修道女たちもサフランを愛用していた。昼夜にわたって祈りを捧げるさいに覚醒作用があると信じていたからだ。『薬局方 *Arzneibuch*』（一般的な薬と治療の概要）の挿絵、1675年頃。

レンメルが家族に出した手紙には、年に1キロものサフランを注文する内容のものがある。これは50人から60人ほどいる修道女のためのものだった。修道女たちは四旬節〔キリスト教会暦で、復活祭前の40日間のこと〕のあいだ、一日の大半を歌い祈ることに捧げており、レンメルは、サフランを使わなければこうした行いを全うすることは難しいと書いている。[6]

16世紀にイングランドを統治したチューダー朝の王ヘンリー8世もまた、国内のサフランを守る必要に迫られた。とはいえ偽物のサフランを取り締まるわけではない。問題となっていたのは、サフランを必需品とする女性たちだった。ヘンリー8世の時代、宮廷の女性たちがサフランの柱頭を欲しがったのは、髪を染めるためだった。貴重なサフランにはこれよりもっと大事な用途――料理、薬、布の染料――があったので、王はこの習慣を止めさせる禁止令を定めなければならなくなった。またヘンリー8世の一代前の王ヘンリー7世も、「野蛮な」アイルランド人がサフランで衣服を染めるのを禁じ、アイルランドに伝わる色彩豊かな衣服を着られないようにした。

ヨーロッパ文化にとってサフランがどれほど重要だったかがよくわかるのが、サフランのみを取り上げた学術書『クロッカス研究 *Crocologia*』の存在だ。著者のヨハン・フェルディナンド・ヘルトートは17世紀のドイツ人で医師兼作家だ。この書はサフランを、その誕生（したとされる時代）からはじめ、徹底的に研究している。古代から中世までこのスパイスが愛

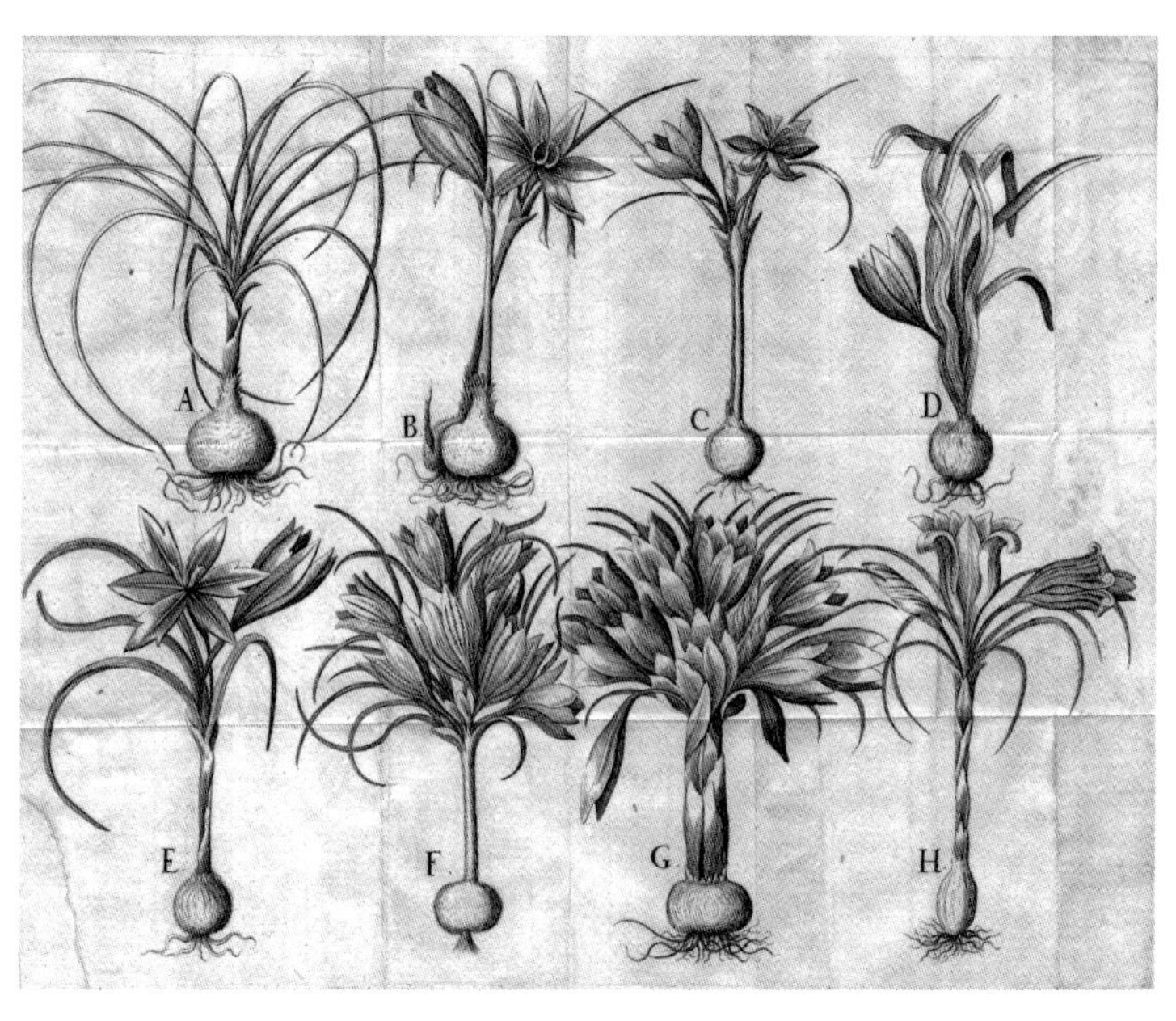

ヘルトートは17世紀に、サフランの歴史と利用法を詳述する学術書を著した。このイラストはサフランの成長と繁殖のサイクルを描いたもの。

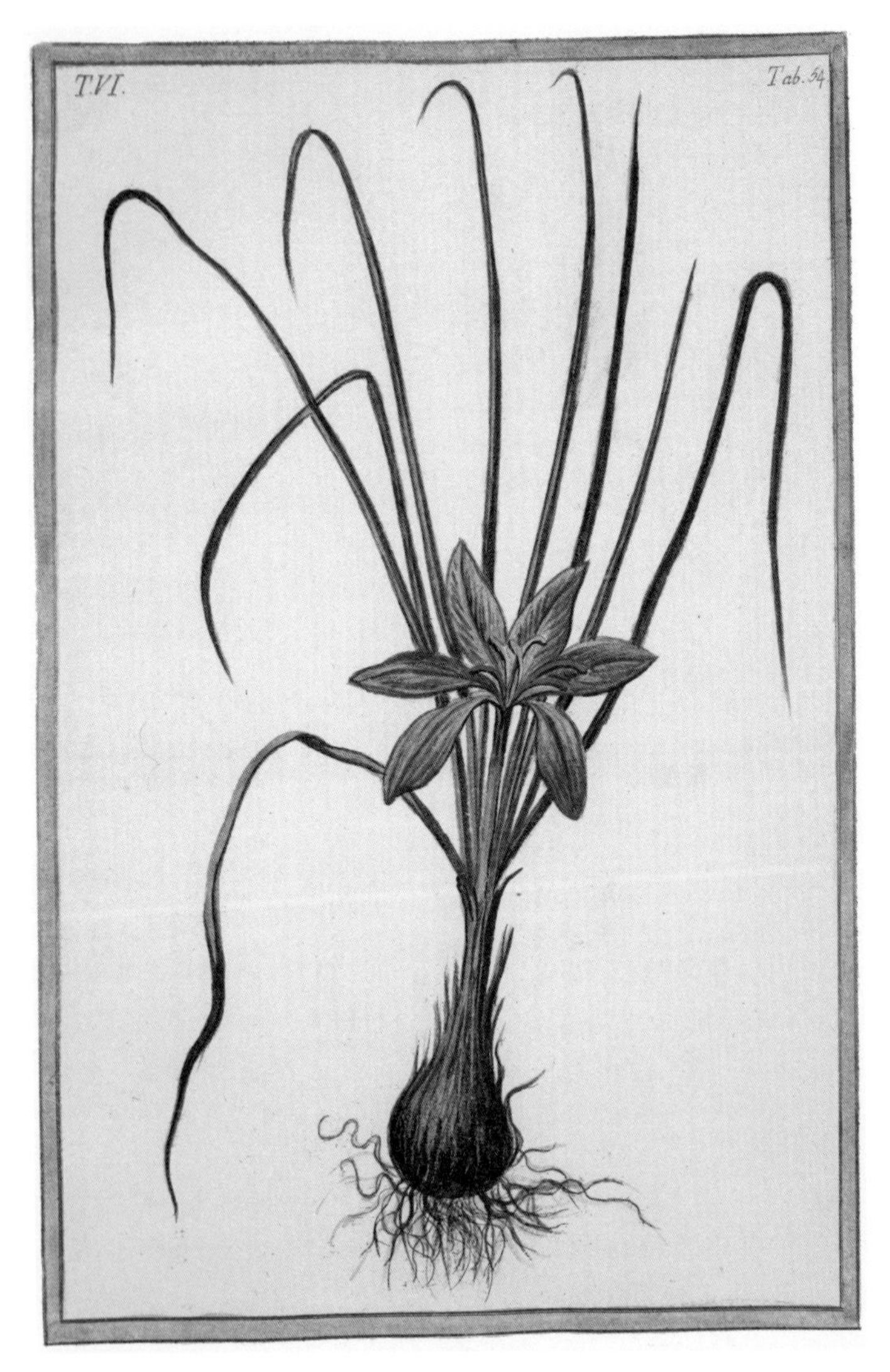

18世紀のイタリアの植物図鑑に掲載されたジョルジオ・ボネッリによるサフランの絵。『J.P. トゥルネフォルティの体系によるローマの庭園 *Hortus Romanus secundum systema J. P. Tournefortii*』第6巻（ローマ、1780年）。

され重宝されてきた歴史を詳述し、薬や、料理の風味づけや香水として用いられたことを紹介している。ヘルトートの著書は19世紀にいたるまで、サフランを研究する人々に広く参照された。

真のサフラン愛好者であるヘルトートは、同時代の人々の多くと同様、サフランにはあらゆる病気——ちょっとした歯痛やうつ、そしてもちろん疫病まで——を治す効用があると信じていた。この書はまた16世紀と17世紀に広く用いられていたサフランのレシピを多数収集している。もっともその当時は、ぜいたく品であるサフランを使えるのは高貴な家の人々だけだったが。

第4章◉北アメリカとカリブ海地域のサフラン

この地で消費されているものはおもにイングランドから来ている。イングランドの人々が適切な栽培を施すため、ほかのどの産地のものよりすばらしいサフランに育っている。そのサフランの根は、いかなる気候でも、またほぼどのような土壌でも育ち繁殖する。それならば、栽培法がしっかりとわかっているのになぜ、輸出するとまではいかなくとも、私たちが使うのに困らないだけのサフランをこの地で栽培できないのか。サフランの根、つまり球根はイングランドでは非常に安価なのだ。春の船に乗って、植え付けに適した時期に大量に到着するのだろう。

——ジョン・スパリエ『篤農家 *The Practical Farmer*』（1793年）

◉新世界へ

英国、フランス、オランダ、スペイン、ポルトガルといったヨーロッパ諸国の王室がサフランに執着したのは、当初は、これらの国々が行ったスパイス貿易が、社会的にも商業上も大きな価値をもっていたことが理由だったと言える。15世紀には航海技術が発達し、それ以前よりも速く、より遠くへと航行することができるようになっており、ヨーロッパの国々はインドへ、またシルクロードを介して中国や中東へとより迅速に向かえるルートを懸命に探していた。ジェノヴァのコロンブスがスペイン王の命で1492年に行った航海については、歴史の授業で教わるはずだ。コロンブスは東へと向かう航路を探し、その航路が見つかれば、スペインはスパイス貿易を一手に握るという商機を得るはずだった。

もちろん、学校で学んだならば、その後どうなったかは知っているだろう。コロンブスが見つけたのは東インド［インド、インドシナ半島、マレー諸島などの一帯をさすかつての呼称］への近道ではなかった。彼は西インド諸島――カリブ海地方――に到達し、そこでそれまでにないスパイスや果物を見つけた。この地で穫れるチリ・ペッパーやオールスパイス、バニラやパイナップルなどだ。

さらに大きかったのが、東方のスパイス――ペッパーベリー、コーヒー、シナモン、ナツメグ——を移植するのに適した、地図に載っていない土地を発見したことだ。すでに東方のさまざまなスパイスを使いはじめていたヨーロッパの料理人たちのもとには、思いがけず、レパートリーにくわえる新しいスパイスが届き、彼らのキッチンでは東と西の食材の融合がはじまった。

富が約束された西インド諸島の発見によって、当然、一気に植民地化の動きがはじまった。そしてスペイン、ポルトガル、英国、フランスはみな、カリブ海地域の島々や中央および南アメリカ、北アメリカの東海岸に対する権利を主張した。

スペイン人やポルトガル人といった、母国で料理にかなりの量のサフランを使う人々にとっては、移住先の新世界にこのスパイスがなければそれは耐え難い生活でしかなかった。しかしやがて、ヨーロッパの祖国を出た船がこの貴重な荷——保険がかけられた、同量の金と同じ価値がある品——を同胞のもとへと運んできた。なんといっても彼らは、アフリカから奴隷として連れてきた人々を労働力とし、カリブ海地域でコーヒー、砂糖、カカオのプランテーションを運営して、祖国のために莫大な富を生みつつあったからだ。そしてカリブ海地域に運ばれたサフランはここから北へも進出した。東方とアフリカ、カリブ海地域の植民地のあいだで行われた三角貿易を介して、北アメリカの植民地へともたらされたのだ。そしてふたたび、サフランはヨーロッパへも運ばれた。

◉アメリカの女性に愛される

アメリカのヴァージニア州では、サフランは裕福な家庭でよく使われ、マーサ・ワシントン［初代アメリカ合衆国大統領ジョージ・ワシントンの夫人］もサフランを使用したひとりだ。『マーサ・ワシントンの料理書 *Martha Washington's Booke of Cookery*』にはサフランを使ったレシピが登場する。一家に伝わるこのレシピ集は17世紀のどの時期かに手書きされたもので、その後マーサとその孫に受け継がれた。このなかには、ローズウォーターに浸したサフランで、果物の形に成形したマルチパン（マジパン）を色づけするというレシピがある。ほかには「サフラン酒」（おそらくはサフランを酒に漬け込んで蒸溜したもの）があり、「心の揺れ」を抑えたり、脾臓（ひぞう）の病気を緩和したりする際に飲めばよいと書かれている。うつ症状や旅行中の女性に有効だと書かれてもいる。おそらくは、旅が快適でなかったこの時代に女性の気分を落ち着かせるためのものだったのだろう。

この料理書には、「アクィミラベリス（Aquimirabelis）」つまり「奇跡の水」のレシピも載っている。さまざまな病気を治す水で、おそらくジョン・ジェラードによる17世紀の書『本草書あるいは植物誌 *The Herball: or, Generall Historie of Plantes*』から写したものだろう。この書には、薬効のある花やハーブに関する情報が収められていて人気があった。アクィミラベリスは、カルダモン、ナツメグ、ガランガル、それにサフランなど、異国の材料ばかりを使用している。

アクィミラベリスの作り方

2リットル分。セランダイン［クサノオウ。切ると黄色い乳液が出る草］のしぼり汁1パイン、ミントのしぼり汁を半パイン。メリロットの花、ローザソリス、カルダモン、クベブ、ガリンガル、メース、ナツメグ、クローブ、ショウガを各少々。キバナノクリンザクラの花、サフランを少々。キバナノクリンザクラとサフラン以外のすべてをつぶし、袋に入れて混ぜ合わせ、しぼり汁と一緒にして、空気が入らないように袋をしっかりと閉じて、ひと晩おく。それから蒸溜器でゆっくりと蒸溜する。これを白砂糖やシュガーキャンディにかけ、容器に保存する。または使うさいに甘味をくわえる。[1]

解説しよう。まず、セランダインのしぼり汁470ミリリットル（1パイント）――セランダインは今日もアジアでは解毒剤として一般に使用されている――と半パイントのミントのしぼり汁を用意する。これはミントで淹れたハーブティーのようなものだろう。メリロットの花は北アメリカ原産のマメ科植物で、血液をサラサラにする作用のあるクマリンを含むことで知られている。ローザソリスは食虫植物のモウセンゴケから作るチンキ剤で、媚薬の性質をもつと言われていた。これらにカルダモン、クベブ（コショウの仲間）、ガランガル、メース、ナツメグ、クローブ、ショウガそれぞれ1ドラム（約1・7グラム）をくわえて一緒につぶす。それから袋にアルコール度数を高めた白ワイン、キバナノクリンザクラ――魔法のような性質をもつと思われていた多年草――と一緒に入れ、その後サフランをくわえる。この混合物をひと晩おいて、それから蒸溜器でゆっくりと蒸溜したあと砂糖をくわえて容器で保存する。

◉北米でのサフラン栽培

北アメリカでは、18世紀前半にシュウェンクフェルター派の人々が新世界に移住してからようやくサフランの栽培がはじまる。セリーナ・シュルツ著『ペンシルベニア州のシュウェンクフェルター *The Schwenkfelders of Pennsylvania*』によれば、1730年にオランダを経由してサフランの球茎をペンシルベニア州にもち込んだのはシュルツ家だという。シュルツ家は、宗教改革者カスパー・シュウェンクフェルト――15世紀末から16世紀初頭にかけてドイツでプロテスタントの宗教改革を行い、マルティン・ルターよりも穏健な宗教習慣を主張した――の教えに従ったため、宗教的迫害を逃れてドイツのザクセン州を出ることになった。

そして北アメリカにたどり着いたシュルツ家のメンバーは、ペンシルベニア州におけるサフラン生産の父となるのだ。北米に渡ったのはシュルツ家の3人兄弟のひとりで、ひとりはオランダに残り、もうひとりは東インドとの交易事業をはじめた。ペンシルベニア州の植民地に到着すると、シュウェンクフェルター派の人々はペンシルベニア州東部とサスケハナ渓谷［ペンシルベニア、ニューヨーク州などを流れるサスケハナ川流域の低地］を居住地とし、そこで「ペンシルベニア・ダッチ（ペンシルベニアのドイツ人）」として知られるようになった。

わずかな財産とともに、シュウェンクフェルターの人々は愛するサフランの球茎を新世界にもち込んだ。そして、まもなく移住した地でも、祖国にいた頃と同じように、伝統料理にふんだんに使えるほどのサフランを収穫できるようになる。その結果、彼らは「黄金の」あるいは「黄色いドイツ人（Geelder Deutsch）」という新しい呼び名を得るのだ。

シュウェンクフェルターの人々が栽培したサフランにどれほどの価値があるかはすぐにはっきりとした。そして自分たちの作物が富を生むことに気づいた彼らは、商人としての才能を発揮する。近くにはフィラデルフィアの港があり、サフランを簡単に運び込むことができた。この港にはカリブ海地域との貿易に従事している船が停泊し、糖蜜やスパイス、奴隷にされた人々を運んでいた。そして18世紀末から19世紀初頭にかけては、シュウェンクフェルター派と、彼らと宗教的に近い関係にあるアナバプテスト派の人々——メノナイト——が栽培するサフランが定期的に西インド諸島の植民地へと運ばれた。

この事業は1812年まで続いた。だがこの年の米英戦争［1812～1814年のアメリカと英国の戦争。第二次独立戦争とも呼ばれる］勃発によって、英国の植民地とアメリカという新生共和国との交易は終了してしまう。英国がカリブ海地域を封鎖したため、商業活動のすべては止まった。アメリカ独立戦争［1775～1783年］中に、新たに建国された合衆国の貿易が妨害されたのと同じ状況に陥ったのだった。

大きな収入を得られる販路は失ったものの、サフランがドイツ系移民とその子孫の文化的生活に重要な位置を占めることには変わりがなかった。その後も彼らは、スパイスにしたサフランとその球茎を売った。そして球茎を買った他の移民たちはそれぞれの地元でサフランを繁殖させた。当時のそうした状況は、19世紀のサフランの広告にも見てとれる。サフランは地元の貿易商の店で売られ、のちにはドラッグストアや薬局にも置かれた。ペンシルベニア州リティッツでもそうした店で売られ、ここは今もアメリカにおけるサフラン栽培の首都だ。

また、サフランにまつわる民芸品も生まれた。サフランを保存しておく手彫りの――のちには彩色した――木箱や木製のつぼが作られたのだ。今日ではこうした民芸品は骨董品として収集され、数百ドルするものもある。なかでも人気があるのが、19世紀のジョセフ・レーンによる作品だ。

衣類の輸入、販売を手がける R&J ギルクリスト社のトレードカード。1879年、ボストン。

ミルドレッド・フォード「ペンシルベニア州、ドイツ系農民のサフラン容器 Pa. German Saffron Box」1941年頃。水彩絵の具、グラファイト（黒鉛）、ガッシュ（不透明な水彩絵の具の一種）を使い紙に描いた作品。ペンシルベニア州のドイツ系サフラン栽培者たちには、サフランの貴重な柱頭を保存する容器作りの伝統が生まれた。

ペンシルベニア州ランカスター郡のマーティン・キーンは、10年あまりサフランの商業栽培に携わるメノナイトだ。彼が言うには、祖先はサフランの薬効をとても重視し、農園の動物の治療にも使っていたそうだ。祖先が手書きしたレシピのなかには、農園の犬が毒のある実を食べたときに飲ませる薬として、しぼりたての温かい牛乳とサフランを混ぜるというものがある（材料の正確な分量までは記されていない）。

サフランの栽培を行っていた人々のなかには、アメリカ合衆国第3代大統領、トマス・ジェファーソンもいた。もっとも商業栽培ではない。熱心な園芸家でもあったジェファーソンは、ヴァージニア州の邸宅「モンティセロ」の広大な敷地に多くの観賞用植物を植えており、そのなかにはサフランもあった。モンティセロに初めてサフランの球茎が届いたのは1807年のことで、ペンシルベニア州フィラデルフィアの著名な園芸家、バーナード・マクマホンから送られたものだった。マクマホンは、同州ランカスター郡の隣人たちからサフランを入手したのだと考えるのが妥当だろう。

第5章◉宗教　芸術　医療

しかしサフランを粉にしてブドウ酒、とくに甘ロブドウ酒とともに撒いて劇場を香りで満たすと……その名前がついた眼軟膏もある……クロコマグマと呼ぶサフラン香油から取り出された沈殿物もまた……独自の効力をもっている。

――大プリニウス（紀元23～79）『博物誌』［『プリニウス博物誌　植物薬剤篇』大槻真一郎責任編集／引用部分は小林晶子訳／八坂書房］

古代からその価値が黄金と比較されてきたサフランは、昔からつねに世界一高価なスパイスだったことは間違いない。しかし他の特殊で高価な食材の多くと違って、サフランにはいくつもの用途がある。料理の味つけや色づけから薬、衣類の染料、香水や化粧品までさまざまなものに使われ、また文学や芸術作品の題材ともなっている。サフランは、その金額に見合う価値をもつスパイスなのだ。

◉神話と宗教

古代ギリシアとローマ——それにふたつの帝国の辺境の植民地——では、サフランは空気を浄化すると考えられていて、劇場など公共の場に惜しげもなく撒かれていた。高位の人々による重要な行列が通る際には、その前に大通りにサフランが撒かれることさえあった。

サントリーニ島の壁画にあるように、サフランの花を収集し柱頭を摘む作業は、人間ではなく女神の監督下にある行為だった。そして古代ギリシアでは、女性司祭と高位の女性は、サフランで染めた衣服をまとった。また、大地の女神デメテルとその娘ペルセポネ——冥界の王であるおじのハデスに連れ去られて妻となり、1年のうち6か月を冥界で過ごさなければならなくなった——を崇拝する祭儀「エレウシスの秘儀」が行われるあいだには、無名の神クロコスを称える秘儀も執り行われた。

この秘儀については多くが謎で、クロコスの直系の子孫だと主張する司祭が、サフランで染めた毛織物の腕輪を着けていたことくらいしかわかっていない。一説によると、ある時期には、クロコスという若者が花に変身したあとに人半神になったという話にまつわるものだったようだ。クロコスについてのこの手の物語は、おそらくは、クロコスを寵愛したヘルメス神が誤ってクロコスを殺してしまい、そのあとに小さな紫色の花に変えるという神話から派

フレスコ画に描かれているのはサルとサフラン。紀元前1600 ～ 1450年。クレタ島、イラクリオン考古学博物館所蔵。

生したのだろう。

サフランはシルクロードの交易ルートを伝って遠く東へと運ばれ、そこでも、とくに宗教において人々の心をとらえた。インド亜大陸では、火と浄化――インドで信仰されるヒンドゥー教では火が聖なるものとされ、不浄を浄化する儀式が行われる――を象徴するものとして、サフランほどうってつけのものはなかった。忘れてはならないのが、古代ペルシアのゾロアスター教でも、神を象徴するまさに神聖なものとして火を信仰したことだ。とくに、初めてサフランの栽培を軌道に乗せ、近隣諸国に大量のサフランを輸出したペルシア帝国ではそうだった。

サフランは10世紀のペルシアの叙事詩『王書（シャー・ナーメ）』にも登場する。『王書』は、詩人フェルドウスィーがペルシア神話の伝説を詩として記録した書だ。フェルドウスィーは、英雄ロスタムが信頼を置く馬ラクシュ――獅子を殺すほどの強さと勇敢さを備えていると言われた――の毛色は斑（まだら）で、「サフランの上に赤いバラの花弁」を散らしたようだと表現している。[1] のちに作成された挿絵付きの書では、ラクシュの毛色を出すのにサフランを使っているようだ。

サフランがインドに到達してまもなく、ヒンドゥー教の司祭たちは供物の味つけだけでなく、自分たちの法衣を染めるのにもサフランを使いはじめた。同じく、仏僧が身に着けてい

アブル・カシム・フェルドウスィーによる10世紀のペルシアの叙事詩『王書』に登場する伝説の馬ラクシュ。その毛色はサフラン色に赤の斑だ（1616年）。

ネパールのカトマンドゥ、ボダナートの上座部仏教の僧たち。サフラン色の法衣をまとっている。

る法衣もサフランで染めているものが多い。仏教はインドで生まれ、紀元前6世紀から紀元前4世紀にかけて東アジアに広く伝播した。

この習慣は14世紀の書『東方旅行記』でも言及されている。これは騎士を自称し、十字軍の任務で中東から極東、インドやアフリカの一部まで広く旅したと主張するジョン・マンデヴィルという人物が書いたものだ。手写本――現在ではほぼ架空の話だと考えられている――には、「寺院と偶像崇拝について　邪神崇拝をいかに行うか」という章があり、そこで「オルガヌム（Organum）」からペル

南アジアの祭儀で食べる菓子、ペダ。サフランを使っている。

シアにかけて住む「ジュグレス（Jugures）」がもつ宗教についてふれている。

マンデヴィルは、頭と顔を剃った司祭が着ているのはサフラン色の法衣だと書いている。[2] この描写から、仏僧やヒンドゥー教の司祭がまとう法衣とそっくりだと思われるが、（架空のものと思われる）街の名からは場所を特定することは難しい。それでもこの奇抜な物語からは、書いたのが「自称」十字軍兵士であるとはいえ、中世になっても、東方の司祭が着るサフラン色の法衣が強い印象を残していることがうかがえる。

インドではヒンドゥー教、ジャイナ教、イスラム教、キリスト教など多様な宗教が信仰されているが、どの宗教の祭儀でも、サフランで色づけや味つけを施したデザートが供される。こうしたきわめて神聖な行事で用いるサフランは、カシミール産のものが最適とされているようだ。3世紀の中国の医学書には、サフランについて、「サフランの生育地はカシミールである。人々は、主に仏陀に捧げるために栽培している」[『スパイスの人類史』アンドリュー・ドルビー著／樋口幸子訳／原書房]と書かれている。[3] ヒンドゥー教とジャイナ教では、サフラン、牛乳とその他のスパイスを混ぜた献酒を神々の像に捧げる。

ジャイナ教のゴマテシュワラの祭儀——インドのカルナタカ州シュラヴァナベラゴラで12年に一度行われる——でのサフランの使い方はとても豪快だ。このジャイナ教の聖地には高さ17メートルのバーフバリ——ジャイナ教の祖師の息子——の像（ゴマテシュワラ像）がある。もっぱら菜食主義の生活を取り入れているジャイナ教は、非暴力・不殺生、苦行、禁欲、真理、そしてなにより質素を重んじる教えに基づいた宗教だ。しかしこの祭儀では、バーフバリの像の周囲に足場を組み、そこから信者が像にサフラン・ミルクを大量に注ぎかける。

インドは20世紀に大英帝国からの独立を果たしたが、新しい国旗である三色旗にはサフラン色のオレンジを用いた。インドの多様な宗教においてこのスパイスが重要な意味をもつことを考えれば、これはごく当然のことだったと言える。

紀元前981年から行われているジャイナ教のゴマテシュワラの祭りは、インドのカルナータカ州シュラバナベラゴラで12年に一度催される。信者は特設の足場から、サフラン水やサフラン・ミルクを高さ17メートルのゴマテシュワラの像に注ぐ。ゴマテシュワラはジャイナ教では畏敬の対象だ。

インドは1947年に独立してインド共和国となり、国旗に用いる国の色にサフランの色が採用された。サフランはヒンドゥー教、ジャイナ教、仏教において重要な存在だからだ。

◉芸術のなかのサフラン

栽培されはじめた頃から宗教上重要な意味をもっていたため、サフランが芸術のモチーフになることはごく当然の成り行きだった。紀元前17世紀のギリシア、サントリーニ島の壁画は、サフランの採集を神々がかかわる神聖な行いとして描き、その顔料はサフランだ（なお、5万年以上前に今日のイラクで描かれた壁画でもサフランの顔料は使われている）。

紀元476年の西ローマ帝国崩壊から11世紀に十字軍遠征がはじまるまで、ヨーロッパでサフランが使われる場面が少なくなった可能性はあるものの、多大な労力をかけて制作されたカトリック教会の聖典に

サフランは中世の装飾細密画の彩色に用いられた。これは「ケルズの書」(紀元521 ～ 97年)。

は依然としてサフランが登場する。たとえば、紀元6世紀のアイルランド人修道士、聖コルンバの修道院で制作された装飾写本の大作「ケルズの書」がその例だ。新約聖書の四福音書その他の題材からなるこの手写本は、紀元9世紀に英国かアイルランドで書かれたものだ。近年の分析では、この書の全編を通して、金色の彩色を施すのにサフランが使われたことがわかっている。

同じく、インドとペルシア、ムガル帝国——現代のウズベキスタンに起源をもち、16世紀にアフガニスタン、インド北部、イランへと領土を広げた——の細密画でも、オレンジ色を出すのにサフランを使っている。また、こうした絵画や手写本では緑の色合いを出すのに緑青（ろくしょう）［銅の表面に出る緑色のさび］を使ったが、その色素安定剤としてサフランが使用されている点は興味深い。オレンジや緑の色が今日も鮮明に残っているのはサフランのおかげであり、なかには制作後500年を経た作品もある。現代の科学者たちは、サフラナール——サフランの香りの主成分である有機化合物——や、サフランの柱頭に含まれる天然の酸、クロセチンといった化学物質の働きによってこれが可能になったとしている。[4]

インド北部のラジャスターン州には、18世紀初頭の作で、12音節詩を絵に表現したラーガマーラ（楽曲絵）があり、この細密画ではサフランの3つの用法が確認できる。オレンジ色の彩色と緑の色素を安定させることのほか、そこに描かれている詩のなかにも登場するのだ。

ロスタムが眠っているあいだに獅子と戦う馬、ラクシュ。サフラン色に赤い斑の毛色の馬だ。アブル・カシム・フェルドウスィーの『王書』より。1515 ～ 22年、細密画。

現代の科学的分析によれば、この図（1590年頃）のようなムガル帝国時代の細密画が腐食や色あせを免れているのは、さまざまな顔料にサフランを混ぜていることが原因のひとつだという。

ケサラ〔サフラン〕に浸したその人のサリーはとても美しい。その額にムスクで記したカーストの印は心を虜にする。その美しい〔女性は〕髪をくるくると頭に巻きあげ、手のひらに灰をもつ。〔その人は〕体中にシュリカンド〔白檀の練り香〕を塗る。手にもつ三叉槍はキラキラと光る。これがベンガルの美女だ。[5]

ウィリアム・シェイクスピアでさえも、作品中でサフランに敬意を表している。シェイクスピア作「冬物語」第4幕第3場のせりふから、ルネサンス期の英国社会ではサフランがとても重要だったことがよくわかる。道化が、「梨のパイの色づけにサフランも買わなきゃ」〔『シェイクスピア全集18　冬物語』松岡和子訳／筑摩書房〕と言うのだ。ここに出てくる「梨のパイ（warden pies）」とは、ベッドフォードシャー州オールド・ウォールデン（Old Warden）の町付近で、修道士が栽培した梨とサフランを使って作るオープン・タルトのことだ。

スイスの作家であり版画家のマテウス・メーリアンが1624年にドイツ語で書いたサフランに捧げる詩にはメーリアン作の版画が添えられている。美しい庭園を背景にサフランの花が大きく描かれているものだ。メーリアンはスイスの都市バーゼル出身で、ここは中世にサフランの栽培と貿易で繁栄した町である。

バンガリ・ラーギニー。一連のラーガマーラ（楽曲絵）のなかの1枚（1709年）。このラジャスターン州アンバーのラーガマーラ中の詩は、図の場面を次のように描写している。「ケサラ〔サフラン〕に浸したその人のサリーはとても美しい」

木々が茂った丘陵地に囲まれた畑。手前にサフランの花が描かれ、その下には詩がある。マテウス・メーリアン作、銅版画（1629年頃）。

エミール・ガレ作「クロッカス文花器（もんかき）」、1900年頃。

◉医療

科学は芸術の対極にあると言えるかもしれないが、すでに述べたように、サフランは科学の分野でもつねにさまざまな役割を果たしてきた。時代によっては、信じられないほど多岐にわたって活用されている。サフランは媚薬からにきびの治療にいたるまであらゆるものに効くと考えられてきたが、現代の科学者たちは、サフランを用いる民間療法の少なくとも一部は効果があることを証明している。

たとえば、古代の文書には一貫して、サフランは心臓の鼓動や血流を「速める」働きがあると書かれている。2014年、イランのマシュハド大学の研究チームは、古代にサフランが治療薬として使われたさまざまな例を収集した。[6] そのリストは冗談かと思えるほど長いものになっている。

さまざまな国の伝統医療において、サフランは幅広い用途をもっていた。例を挙げる。

鎮痛剤、抗炎症剤（耳痛、歯痛、腫れ、耳炎、肛門痛、痛風、癌性の痛み、歯肉炎、乳歯が生えるさいの不快感）、心臓血管系（強心薬、血管閉塞の除去）、中枢神経系（麻薬性鎮痛薬、抗ヒステリー、中枢神経興奮薬、催眠剤、精神疾患、鎮静剤、抗てんかん薬、神経衰弱）、目の病気（目の痛み、流涙症、昼盲症、角膜疾患、白内障、化膿性の眼感染症、翼状片［白目の結膜の異常による病気］、視力低下）、胃腸系（健胃薬、拒食症。痔疾、脱肛、黄疸、肝肥大の治療、整腸剤）、泌尿生殖系（中絶、無月経の治療、媚薬、不能症、通経薬［月経促進］、脱肛、月経期を止める、産褥期の使用、排尿痛、利尿、腎結石）、感染症（抗菌剤、防腐剤、抗真菌薬、麻疹、天然痘、猩紅熱）、呼吸器系（喘息、気管支炎、去痰薬、百日咳、呼吸困難、胸膜炎、咳止め、ジフテリア、扁桃腺障害によるいびき、鼻づまりによる呼吸障害）、皮膚病（乾癬、湿疹、にきび、傷の治療）、その他多方面（免疫刺激剤、発汗剤、細胞や細菌の染色、抗ガン）に用いられていた。[7]

またサフランは今も注目を集める存在であり、現代にもサフランの薬効の研究は行われていて、その効能が古代と同じく多岐にわたっている点は興味深い。

サフランのさまざまな薬理学的な効能とその成分が広く研究されている。抗ガン、抗うつ、抗パーキンソン、抗アルツハイマー、抗てんかん、抗虚血（脳、腎臓、筋肉、心臓の虚血など）、抗高血圧、抗遺伝毒性作用、解毒（ヘビ毒、ダイアジノン［殺虫剤の一種］、アクリルアミド［神経に対する毒性や発がん性をもつとされる化学物質］、アクロレイン［喫煙や有機物の燃焼時に発生し、強い毒性を示す化学物質〕などに対して）、咳止め、脂質低下、酸化防止剤、抗有害作用、抗炎症効果などだ。また安全性評価や、媚薬、抗うつ、抗アルツハイマー効果に関する文献には、サフランとその成分についての臨床研究が掲載されているものもある。[8]

2016年には日本の4つの大学の研究者たちが、サフランの色素成分のクロシンには神経保護作用の性質があることを発見している。[9] また2018年にはアテネ国立カポディストリアン大学のアティコン大学病院血管外科部門の科学者たちが、一連の臨床研究から、サフランには抗炎症物質が含まれており、この物質は高血圧や心臓病の主因となる動脈プラークの安定化に有効であることを確認した。[10]

あくまでも伝説上のものでしかない伝承療法が多いなか、サフランを用いたそれは、少なくとも一部は事実によってしっかりと裏づけられており、これからもさらに多くの研究が行われ、サフランの薬剤としての可能性が追究されていくことだろう。そして、サフランに関する医学上の大きな発見――あるいは効能があるという確信――によって、すでに世界一高価なスパイスの価格はさらに上昇するだろう。その図式は、古代から変わっていない。

第6章◉現代サフラン事情

1キロのサフランのスパイスを生産するのに約15万個のサフランの花が必要だ。ならば、この貴重なスパイスの粉末が、宝石や禁止薬物の取り引きによく見られるような、安価な代替品、荷のかさ増し、偽造といった欺瞞とゆがみに満ちた貿易を生み出してきたのも無理はない。今日、この「料理の黄金」の将来をめぐる戦いが進行中だ。投機や市場の激変によってサフランの世界地図は一変するからだ。

——エレーヌ・シオリーノ「サフラン新章」、ニューヨーク・タイムズ（2015年12月28日）

サフランの収穫は今も、人の手で行われる労働集約的作業だ。

◉貴重でありつづけてきた理由

なにがぜいたく品とみなされるかは、時代の変遷とその物品の供給量によって大きく変わる。今ではごくふつうに手に入る黒コショウと塩はどちらもかつてはとても貴重だったため、これらで賃金や借金を支払っていた時代もあった。ジャガイモが南アメリカからヨーロッパへともたらされたときには誰もがこれを欲しがったため、フランス国王は宮廷のジャガイモ畑に武装した護衛兵を置いたほどだった。そしておそらくサフランは、古代にもっていた大きな価値や神秘的ともいえるほどの魅力を、ほぼ失わないまま現代にいたる数少ない商品のひとつだ。金の価値が変動するときでさえ、サフランについた高い値が下

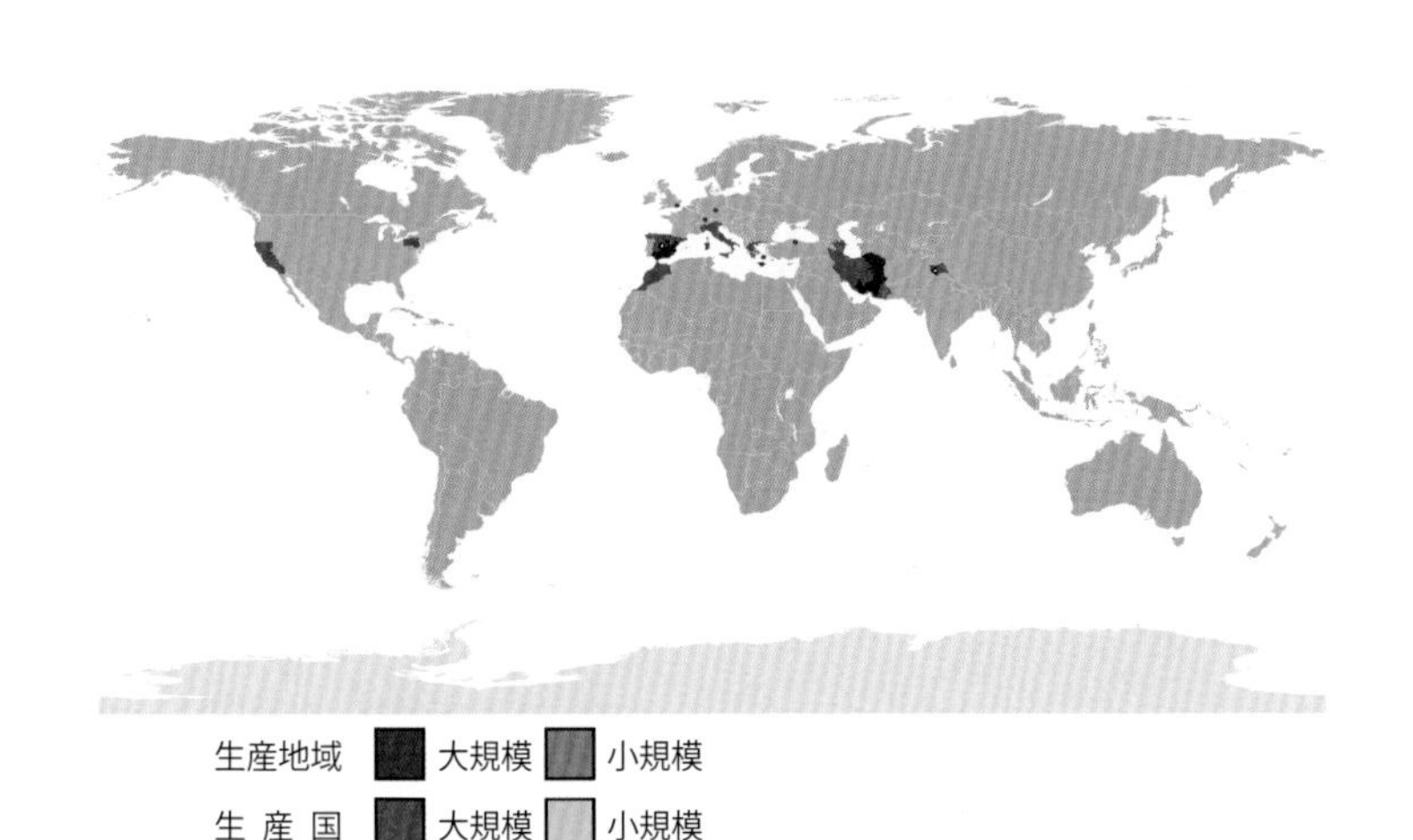

世界のおもなサフラン栽培国と地域

がることはない。

　これはもちろん、サフランが非常に大きな労働力を必要とする作物であることがその一番の理由だ。サフランはオートメーション化の恩恵を受けない数少ない作物であり、おそらくそれは、サフランの花から糸のような柱頭を摘むという、細かな作業が必要だからだ。ずっと先のことまではわからないが、この作業――細心の注意を払って柱頭にふれ、柱頭だけを正確に摘む――が機械に取って代わられることはないだろう。ひとりの労働者が１キロのサフランを生産するには約４００時間の労働が必要だとの説もある。[1]

　サフランを摘む作業は時間との競争だ。サフランを摘める時期はごく限られている。花が咲くのは秋だけ。また収穫に最適な時間は朝露が消えた直後で、これによってさらに時間的制約を受けることになる。

サフランは栽培できる地域も限られている。熱烈なサフラン愛好者は昔から、ほぼ世界中のあらゆる場所でサフランを栽培しようとしてきた。実際にそれがうまくいったところもあった。しかしサフランの生育に最適といえる気候の地域は、ごくわずかしかない。現代では、気候変動によってサフラン栽培地帯の地図が書き換えられつつあるという危機も生じている。歴史的にサフランの栽培地として知られ、サフラン文化が歴史や伝統と切り離せないものとなっている地域が気候変動によって損害を受けていることもしばしばだ。

●危機に瀕しているカシミールのサフラン

世界最高品質のサフランとは、インド、カシミール地方のパンポーレの町で生産されるものだという意見は多い。そして国際連合食糧農業機関（FAO）は、カシミール地方とイランとアフガニスタンのサフラン栽培地域を世界農業遺産（GIAHS）に認定している。GIAHSの認定は、フランスのAOC（アペラシオン・ドリジーヌ・コントロレ、原産地統制呼称）やイタリアのDOP（ディノミナツィオーネ・ディ・オリージネ・プロテッタ、原産地名称保護）とほぼ同じ役割をもつ。つまり、GIAHSであることで、それが純正

サフラン栽培はカシミール地方の農業遺産とみなされている。

で信頼できる作物であると確認できるのだ。さらにＧＩＡＨＳの認定とは、その農業制度や作物が、それを有する社会にとっては文化的にも不可欠なものだという意味でもある。

しかし、ひどい旱魃（かんばつ）や政治紛争が、カシミール地方のサフラン栽培に影響をおよぼしている。１９９０年代のカシミール地方では、サフラン栽培農民ひとりが生産するサフランは年に４００キロにものぼった。しかし２０１０年頃になると生産量は半減した。そして２０１８年にはひとりあたり年間10キロにも満たなくなっていることが報告されている。

それにくわえ、カシミール地方は世界でも武力紛争が頻発する地域のひとつだ。ここはインド国内のムスリム領土にあたる。70年以上前に自治を認められたにもかかわらずインド政府による実質的な統治状態が続いており、これまでの死者数は数十万人にのぼる。サフランの栽培者にとっては取り引きがますます難しくなっている地域だ。サフランは、現代の料理研究家が「紛争食物」――一定地域内における社会的、政治的あるいは武力紛争によって、取り返しのつかないほど変わりつつある伝統的食習慣――として挙げるリストの上位にある。

２０１９年にはインド政府はカシミール地方の自治権を剝奪し、以前よりも多くの部隊を派遣して、カシミールと外部との通信を遮断した。現在、気候変動の危機と政治的危機というふたつに見舞われたこの地域は、サフラン栽培の消滅さえ危惧される状況にある。そしてサフランの熱狂的なファンが、この地域から運び出される――それもたいていは密輸者の手によるものだ——ごくわずかなカシミール産サフランの柱頭に支払う価格は、かつてないほどに上昇する可能性がある。

◉アフガニスタンでサフランをつくる

紛争がサフラン栽培の脅威となっている一方で、アフガニスタンがサフラン栽培を取り戻した要因は、その軍事紛争だった。アフガニスタンは1970年代以降一貫して紛争地域であり続け、ソ連と、のちにはイスラム原理主義者が紛争をもたらし、外国の軍や武装勢力がこの国で戦争を行ってきた。アフガニスタンはその後、欧米諸国がイスラム原理主義者と戦う戦場となり、それは長期におよんだ。その間のアフガニスタンの農民たちの生計の糧となったのが、麻薬の原料となるケシの栽培だった。しかし今日では、政府はケシ畑を紫色のサフランが咲く花畑に転換する取り組みを進めている。この計画は、温暖な冬と乾燥した夏の気候がサフラン栽培に適しているヘラート州で進行中だ。

アフガニスタン産サフランの主要輸出業者のひとつであるルミ・スパイス社は3人の米退役軍人がはじめた事業で、3人は軍人時代にアフガニスタンに駐留経験があった。ある日、彼らはアメリカのテレビ番組「シャーク・タンク」に出演した。これは、起業家が事業のアイデアを大物実業家たちに売り込み、認められればベンチャー事業の開業資金を手にするという番組だ。3人は、サフラン関連の事業資金25万ドルを得ることに成功した。今日、この企業はアフガン人農民と直接取り引きし、サフランにとどまらず、サフラン関連の生産物をアメリカに輸出している。アメリカのスパイス市場におけるサフランの総売り上げはおよそ6000万ドルだ（世界全体では100億ドルにのぼる）。

サフラン栽培地域では、女性と子供がサフラン収穫のために雇用される場合が多い。そうした地域には女性や子供の地位が低い文化があり、ごくわずかな賃金で済むからだ。インド出身の有名シェフで映画監督でもあるヴィカス・カンナは、現在、インド北部の渓谷でサフラン栽培に従事する子供の厳しい生活を描く映画を製作中だ。一方でルミ・スパイス社はヘラート州において、最低限の生活は可能な「生活賃金」で2000人近い女性を雇用し、サフランの収穫とパッケージ作業に従事させている。アフガニスタンというイスラム国家では、女性の多くにとって、ルミ・スパイスでの就業は家庭外での仕事を得る最初でおそらくは唯一の機会だろう。

ルミ・スパイス社の創業者たちは、自分たちの仕事とは利益を上げる事業であることにとどまらず、安定を渇望する国に経済上の基盤を提供し、平和をもたらすものだと述べる。過去には、貧しいアフガン人農民たちが自ら麻薬の取り引きに手を出した。それは、家族を飢えさせないため、経済上の安定を求めての苦し紛れの策だった。しかしサフラン栽培によってそうした農民たちはいま家族を養い、またサフラン熱にとりつかれた――麻薬と違って罪ではない――世界中の食通たちを満足させている。ルミ・スパイス社は事業を展開するアフガンのサフラン栽培地域で、同社の収益のかなりの部分をほかの製造業や農業インフラに投資しているという。これによって同地域の人々の雇用が継続し、また雇用機会も増している。

◉闇取り引き

ルミ・スパイス社のような企業の成功例は、サフラン調達に対するアメリカの関心が高まっていることの表れだ。過去40年近くでサフランの調達はとても困難になり、コストが上昇していた。これはイラン――世界最大のサフラン栽培国――からサフランを直接輸入できなかったことが主因だった。１９７９年にイラン革命が起きて以降、アメリカは同国に経済制裁を課していたためだ。なにしろイランは、世界のサフランの90パーセントを栽培しているのだ。

禁輸措置が取られているあいだ、アメリカにサフランをこっそり輸出すれば大きな利益をあげられた。しかしカナダなど他国の通関手続きを経由してイラン産サフランを合法的に輸出して大もうけした業者は、ほとんどいなかった。そこで、スペインのような、自国でのサ

サフラン栽培はイランの主要産業だ。

フラン生産はごくわずかだがこのスパイスとのむすびつきが歴史的に強い国々がイランのサフランを購入し、自国産のものとして詰め替えて売ったこともあった（これは以前から行われていたことでもあった）。

同様のことはアメリカでも行われた。アメリカではペンシルベニア州ドイツ系移民の農民によるサフラン生産が18世紀から19世紀初頭にかけてピークを迎えたが、そのペンシルベニア産のサフランでさえ、「スペイン産サフラン」と名を変えて、カリブ海地域や同州内で販売された時期もあったくらいだ。だがアメリカによるイラン産サフランに対する制裁は２０１６年にようやく解除された。アメリカのサフラン愛好者たちは歓喜し、イラン産サフランというブランドの再構築は今も

イランでは、企業によるサフラン事業と零細農家による栽培が行われている。

続いている。

イラン産サフランは以前よりも手に入りやすくなったのだが、このスパイスを密輸しようとする者がいなくなったかというとそうではない。とくに、サフランが生活全般に欠かせない文化をもつ地域ではそうだ。たとえばインドではヒンドゥー教の儀式にサフランを使うため、カシミールのサフラン生産が減少したことが問題となっている。イランのサフラン生産量は豊富であっても、正規にもち込もうとすれば高い輸入税でコストは大きくなる。そこで、「運び屋」が闇市場のサフランをインドにもち込もうとする。薬物の運び屋同様、スーツケースに作った隠し仕切りにサフランを入れて、不正にもち込むのだ。

インドの新聞には毎年必ず、同国の空港で

ペルシア（イラン）料理ではサフランがさまざまに用いられ、イランにはこのスパイスの専門店もある。

薬物や金、サフランが押収されたという記事が掲載される。しかし、闇取り引きの品はなにも一方通行でインドに入ってくるばかりではない。インド国内でカシミール産のものさえもしのぐ高品質サフランの生産に取り組む人々は、どうにかして、資金が潤沢な国際市場へとこのスパイスをもち出そうとする。またインド国内での使用向けに、より安価なサフランをもち込もうとする者もいる。

インドに密輸された、あるいはインドから密輸されたサフランは、その商品価値を高めるために産地名を変えられることも多い。たいていは、高い値がつくようにカシミール産とされる。ただしサフランの産地名変更——たとえばイラン産のものがスペイン産となる——は広く行われていることであり、まったく合法的な行為でもあるのだ。

◉偽物

しかし、サフランの産地を評価の高い有名栽培地へと変更することは違法とはならなくとも、少なくとも詐称であり、悪くすれば偽装や偽造という問題にもなる。サフランで大儲けしようと、悪知恵を働かせる不届きな人々は大昔からいた。混ぜ物をしたり、安価な代替物を本物のサフランとして売ったりしてきた。２０１９年、英国のサセックスの当局はサフランの偽装品75万ポンド分を押収した。本物のサフランの柱頭にまったく別のものを混ぜてかさ増ししていたこの一件は、輸入後に英国内で手をくわえたのではないという特異なケースだった。押収したサフランの出所をたどると、スペインのサフラン工場に行きついたのだった。

サフランだと偽っているスパイスのほとんどは――本物のサフランと混ぜるのであれ、まったく別物をサフランと偽るのであれ――マリーゴールドやサフラワー（紅花）の花弁だ。これらはエジプトやメキシコ産サフランとして市場に出ていることが多いが、増量や着色のために、他の植物や化学物質などがくわえられている場合もある。

偽装しているわけではないが、サフランの代替品として使われたり、サフラン「もどき」とされたりすることが一番多いのは、ターメリックだ。ターメリックはショウガの仲間で、その地下茎はショウガやガランガルの根茎と見た目がよく似ているが、なかはあざやかなオレンジ色だ。これは生でも使用でき、たいていはすりおろすか、乾燥粉末にする。インドやタイのカレーの黄色はターメリックで出したものだ。サフランと同じくターメリックは渋みをもつが、風味や香りは大きく異なり、サフラン独特の風味を必要とする料理では、ターメリックではとても代替品とはならない。

13世紀、ヴェネツィアの商人であり探検家でもあったマルコ・ポーロは、中国でサフラン

ターメリックは、サフランの代わりに色づけに使われることが多いスパイスだ。

の代わりにターメリックが使われているのを見て、見聞録にこう記している。

本物のサフランと同じ性質をもつ植物がある。色も同じだが、サフランとは別のものだ。これはこれで重宝されており、さまざまな料理に使われ、そのため高価だ。[2]

今日でも、ターメリックはサフランの代替品として広く使われている。カリブ海に浮かぶトリニダード・トバゴでターメリックが「サフラン」という名で流通していることは興味深い。とはいえターメリックがトリニダード・トバゴで大事にされ、さまざまな料理に使われているスパイスであることは事実であり、「サフラン」と呼ばれるターメリックはこの国の料理に欠かせない。そしてその料理に大きな影響を与えているのが、東インドからこの国に移住した人々の子孫だ。その先祖の多くはインド北部出身の年季契約労働者であり、おそらくは、祖国で本物のサフランを知っていた人々だった。

マルコ・ポーロが中国に旅してからおよそ２００年後の16世紀初頭、ヨーロッパの人々は、偽物のサフランが出まわるのを阻止する策を取りつつあった。イングランド国王のヘンリー8世が、非常に高価なサフランを頭髪用染料とするのを禁じたことは前にも述べたが、フランスのアンリ2世は、偽のサフラン販売を禁じる法律を制定している。

これまで、サフランとされるものの一定量が、なんらかの手がくわえられていたり、まったく別のものであったり、不純なものであったりすることが判明している。オイルやハチミツその他を混ぜている場合が多いのは、サフランの価格が重量で決められるために、サフランもどきを重くするのが目的だったのだろう。また、色がよく似ており、煮込みすぎてほぐれた牛肉のような質感のハーブをくわえているものもある。それをサフランのように糸状にしているのだが、こうして混ぜ物をしたまがいもののサフランは、糸のような形状が長くはもたず、くわえて人体に非常に有害である。こうした不正によって、外国の商人が購入を取りやめる可能性もある。[本来サフランは]我が国に利益をもたらすべきにもかかわらず、このような事態は我が国の大きな収入減少につながり、諸外国にとっては大きな不利益となるものである。[3]

古代から中世、ルネサンス期、そして今日にいたるまで、信頼のおけるサフラン——純正なサフランで、外国の政略や市場の思惑に影響を受けていないもの——を調達したいという人々の気持ちは変わらず強い。

◉新たなサフラン栽培

北アメリカでは、過去にペンシルベニア・ダッチがサフラン栽培で成功を収めた事実を励みに、近年はこれまでになかった地域でのサフラン栽培の取り組みが増えている。なかでも目を引くのがバーモント大学サフラン研究・開発北米センター（the University of Vermont's North American Center for Saffron Research and Development）の活動であり、アメリカでサフランを栽培しようとする農家に対し、栽培向けの資料を提供し続けている。それはサフランの歴史や取り引きから、生育や栽培に対する助言、レシピや商品開発まで多岐にわたる。同センターはサフラン農家向けのオンライン・フォーラム「サフラネット（Saffronnet）」も運営している。

同センターは、ハイトンネル［大型のビニールハウスの一種］を利用したハウス栽培や、太陽光発電を利用しながらの栽培を推奨している。こうすれば、アメリカ北東部に位置するバーモント州のような寒冷な気候でもサフランがうまく生育する。カナダと国境を接するメイン州の農家は、こうした栽培法で実験的にサフランを育てている。

さらに北のカナダでさえ、サフラン栽培に取り組む農家がいる。２０１４年にはピュール・サフラン社がカナダ初のサフラン農園を開業したが、今では同農園で栽培、収穫したサフランだけでなく、サフラン石鹸やサフランの球茎も販売しており、2019年には農家にサフランの栽培と収穫を指導する専門学校もオープンさせた。

北カリフォルニアのピース&プレンティ社のサフラン農園は2017年に開業した。まず2020年にサフランを1キロ収穫することを目指し、2019年には販売用のサフラン325グラムを収穫した。同社はサフランの球茎販売も行っているが、それよりも興味深いのは、観光農園にしている点だ。そこを訪れた人々は紫色に染まったサフラン畑に入り、古代から変わらぬサフランの魅力とロマンスにふれることができる。

南半球のニュージーランドでは大規模栽培が増えている。一方、イングランド、エセックス州の小規模農家は、中世にサフラン・ウォールデン一帯で一大産業となったサフラン栽培を復活させようと懸命な取り組みを行っている。オランダは多様な品種の美しいチューリップを栽培することでは世界一の技術をもつ国として知られており、チューリップ農家がその球根植物栽培の知識を活用して、サフランを球茎から育てている。オランダ産サフランが初めて収穫され、輸出されたのは2019年だった。ほかにも亜熱帯気候の高地——通常はサフランには向かない環境だ——で、大きな成功は難しいながらも根気よくサフラン栽培を行っている農家もいる。

21世紀に入ってから、このように伝統的な栽培地以外でサフランを栽培しようとする動きがあちこちで出てきた。なにがそうさせているのだろうか。おそらく、サフラン栽培は現代版ゴールドラッシュなのだろう。すでに述べたようにサフランは、ほかのどの作物よりも1ポンド（約450グラム）あたりの価格が高いからだ。とはいえ、サフランとは社会的にも文化的にもつながりがなく、料理や宗教、芸術や医療においてもサフランを利用してこなかった地域がこれほど熱心にサフラン栽培を行おうとしている背景には、高い利益率以外のなんらかの理由があるはずだ。

◉注目される健康効果

これまでサフランは、どこか遠く離れた地で栽培されている、貴重なスパイスだった。だから、もし地元産のサフランが手に入ればうれしいし、とくに地産地消の食生活を大切に思う人々にとってはとても大きな魅力だ。だが、サフランがこれほど人々の興味をそそる一番の理由は、健康面におけるその効果にある。それは数千年にわたり、折々にサフランに求められてきた特質でもある。実際、科学者はさまざまな病気に対するサフランの効果の研究をはじめている。

一方、世間で注目を浴びている健康法に飛びつくような人たちは、サフランの粉末は、ダイエットからアルツハイマー病、注意欠陥多動性障害（ＡＤＨＤ）の治療まで、あらゆることに効果があるとほめたたえている。ニューヨーク州オールバニーを拠点とする調査会社、マーケット・リサーチ・レポーツ・ビズの２０２５年までの市場予測によると、健康志向の消費者向けサプリメントである濃縮サフランのカプセルや錠剤の市場は大きな成長が見込まれるという。[4] サフラン入りのデイクリームやナイトクリーム、ボディオイルやマッサージオイルは南アジアや東アジアで大きな需要があり、成長を続けている市場だ。零細だが高い技術を持つ欧米の生産者たちも、こうした市場の開拓に着手している。

ところが――サフラン入りの新しいサプリメントや美容製品をアピールする広告の多くに、「奇跡のような」、「魔法みたいに」などといった言葉が今も使われている。二千数百年も前に、「アレクサンドロス大王の健康維持の秘密兵器」といううたい文句でサフランを売ったのとまったく同じだ。

サフランに人のさまざまな病気を治す力があるのかどうかは現時点でははっきりしておらず、これに見解を述べるのは科学者であるべきだ。ただ、万能薬として使えるかどうかはさておき、サフランについて断言できることがひとつある。サフランは人々の心をとらえ、想像力をかきたてる存在であり、スパイスの女王であることは、昔も今も変わっていない。

本物のサフランから出た色は、赤というよりも濃い黄色やオレンジ色だ。

付録◉ **サフラン入門**

太陽が支配し、獅子座のもとにあるため、心臓を強化する作用がこれほどに強いのも当然である。……脳を活性化する働きもあり、肺病・呼吸困難を改善する。

――『カルペパー　ハーブ事典』（1653年）［戸坂藤子訳／木村正典監修／パンローリング］

世界でもっとも高価なスパイスに魅惑された人にとって、これに代わるスパイスなど存在しないと言ってよいだろう。昔からサフランを使ってきた料理の多くは、その料理自体や他の食材ではなく、サフランの赤みがかった黄金色の柱頭を主役にすえたものだと思えるくらいだ。サフランは料理に風味を与えたり料理に添えたりするだけのものではなく、その料理の存在理由（レゾンデートル）なのだ。サフランの陶然とさせるが澄んだ香りと鮮明な色があるからこそ、その料理に、あるべき味、香り、色が生まれるのである。それはほかのスパイスにはない、サフ

サフランを使ったミラノ風リゾット

ランだけがもつ魔法だ。

サフランには代替品がないという事実にもかかわらず、まがいもののサフランは多数ある。そして人は、高価なサフランの代わりに、そうしたスパイスを使ってみたいとついつい思ってしまう。

スパイスの専門家として著名なインド系アメリカ人のフードライター、モニカ・バイドは、読者から寄せられる質問のなかで一番多いのがサフランについてのものだと書いている。とはいえ、それは使い方についてではない。そうではなく、2019年に私がインタビューしたさいにバイドが言うには、読者が聞きたいのはいつも、サフランの代わりになにを使えるかとか、サフランなしで料理しても大丈夫かといったことだそうだ。こうした質問が出てくるのはサフランが高額なことが理由だが、サフランの正しい使い方をよく理解できていないためでもある。

自身もサフランの熱狂的ファンであるバイドは、サフランを別のスパイスに替えることには賛成できないと強く助言する。サフランではないものを使うくらいなら、なにも使わないほうがよい――と。あるいは、筋金入りのサフラン愛好者がアドバイスするように、そんな料理は作らないことだ。

だが、少々奮発してサフランを買うつもりなら、偽物には気をつけよう。偽のサフランを買わないためにも、このサフラン入門の章を参考にしてほしい。

◉サフランの買い方

サフランは3つの主要な性質によってグレード分けされている。香り（サフラナールという成分）、染料としての性質（クロシン）、そして味（ピクロクロシン）だ。サフランはさらに柱頭の品質によって異なるグレードがつけられる。すべて深紅のものはグレード1、またはA＋。赤い柱頭に黄色や白の基部（花柱）が少々含まれるものはグレード2またはA。柱頭に花柱がすべてついたままの、未選定のものがグレード3またはBだ。とはいえスペイン産とイラン産サフランではグレード名が異なるので以下で解説する。

イラン産サフラン

イランは世界に流通するサフランの90パーセントを生産しており、イラン（ペルシア）産のものは一般に、稀少なカシミール産サフランに次ぐ、最高品質のサフランだとみなされている。イラン産のグレードは次のとおり。

スーパーネギン　香りと風味がもっとも強く、深紅の柱頭のみで、長さも均一だ。パッケージのなかのサフランの形が崩れていたり粉末状になっていたりする割合も小さい。このグレードのものはイラン産サフランとしてはもっとも高額で最高級だ。

サルゴル　ペルシア語（ファルシ語）で「花の先端部」を意味する言葉に由来する。このグレードのサフランには柱頭に黄色や白の花柱部分が含まれていない。このため、このグレードのものはごく短く、色は深紅だ。香りはとても強い。サルゴルのサフランは短いためにしなやかさがあまりなく、パッケージのなかで形が崩れていたり折れていたりするものもある。それでも高品質のサフランであることは間違いない。

ネギン　黄色やオレンジ色の花柱が含まれ、スーパーネギンやサルゴルのグレードのものよりも一般に長い。それでも品質はよいが、黄色やオレンジ色の部分が、色の濃さや香り、風味に影響する。

プシャル　このサフランは一番安価で、ほとんどがオレンジ色や黄色の花柱からなる。これは一般にサフランの「端材」とみなされる部分だ。サフランであることは確かだが、品質

スペイン、グラナダの市場に並ぶスパイス。サフランとターメリック、カレーパウダー。

は低く、劣った製品だとみなされている。

スペイン産

スペインのラ・マンチャ地方で栽培されるサフランは世界の全生産量のわずか4パーセントでしかないが、しかし世界に流通するサフランの40パーセントを輸出している。この数字の矛盾はどういうことだろうか？　スペインはイラン産サフランの中間業者の役割をもっている。1979年のイスラム革命後にイランが多数の国々から経済制裁を受け、イラン産サフランの流通が大幅に制限されたためだ。この結果、イラン産サフランは一度スペインに入ってスペイン産サフランとなるのである。そして、サルゴルはクーペ、プシャルはラ・マンチャというグレードに変更される。

スペインで栽培された本物のラ・マンチャ・グレードのサフランには、原産地名称保護（DOP）の認証マークがついている。あなたが買ったサフランが、稀少で、原産地を保証されたラ・マンチャ産スパイスの純正品であるかどうかは、このマークで判断できる。また製品の原産国がどこであれ、サフランの販売業者はサフランの原産地証明の発行を受けることを求められている。このため購入の際にサフランの正確な原産地を知りたい場合は、この証明書で確認することができる。

カシミール産

カシミール産サフランとは、インドにおいてムスリムが人口の大半を占めるカシミール州のパンポーレで栽培されているもので、世界でも最高品質のものと広く認められている。柱頭が1本1本バラバラの状態で売られているものが多い。ペルシアやスペイン産サフランとは違い、カシミール産サフランは通常はゆるく絡み合った状態で売られている。

カシミール産にはふたつの種類がある。ひとつは黄色味を帯びた白い「花柱」が柱頭についたままのもので、こちらのほうが品質が劣るとみなされる。もうひとつは柱頭のみのものだ。カシミール産サフランの柱頭は非常に長く、頭部も厚みがあって、色はとにかく深紅だ。柱頭がこのように大きいのは、カシミール本来の土壌と気候がサフランの生育に適していることを示すものだ。カシミール産と他地域産のサフランとの違いは非常にはっきりしており、見ただけでカシミール産のものだとわかる場合が多い。

現時点でも市場では最高価格で取り引きされているカシミール産サフランだが、旱魃（かんばつ）や政治的紛争の影響で過去10年の栽培量は限られており、今後、さらに価格が上昇することは間違いない。

◉サフランの品質テスト

サフランを愛してやまない人なら、良質のものが買えるとなれば、ごく少量のサフランに惜しげもなく高額を支払うだろう。そして、このサフランへの愛につけこみ、安価な代替品でひと儲けしようと目論む者がいるのは世のつねだ。サフランだと偽装されている製品には、サフラワー（紅花）や、細長く切って赤く染めたキンセンカの花、干し草を染めたもの、トウモロコシの毛や細く切ったタマネギの皮を染め、パプリカやターメリックでかさ増ししているものまである。偽装サフランの「原産国」はさまざまであり、エジプト、メキシコ、あるいはアメリカ産サフランにも偽装されたものはある。ただしアメリカ産サフランにもまったく適正なものがあることはつけくわえておこう。ペンシルベニア州ランカスター郡や、後発の、実験的に栽培を行っている地域産のものがそうだ。

ここでは、原産地証明は確認できなくとも、サフランの品質をテストし、それが本物かどうかを確かめる方法について述べる。

ウォーター・テスト　サフランは湯に浸したほうがよく色が出るが、純正なサフランは冷水でもしっかりと色が出る。本物のサフランはゆっくりと色が出て、水がしっかりと色づくまでに15分ほどかかることもある。本物のサフランから出た色は、赤というよりも濃い黄色やオレンジ色だ。また水に浸したあとも、柱頭からすっかり色が抜けるわけではない。水に浸したあとにサフランの柱頭が無色になっていれば、それは本物ではない。

こすってみる　サフランの柱頭を2、3本、指でつまみ、何度かこすり合わせる。本物のサフランならそれだけでボロボロになることはない。

味を確かめる　本物のサフランは甘い香りがするが、味は甘くない。サフランを1本口に含んでみよう。甘いなら、それは偽物だ。

匂いをかいでみる　純正なサフランは渋みがあるさわやかな香りがし、控えめな甘い香りもする。

◉サフランパウダーについて

一般的なスーパーマーケットに置いてあるサフランは、粉末状のものがほとんどだ。通常は濃い色の小袋に密封されたパウダーが、スパイス用の小瓶に入っている。価格が高いため、最近ではめったに見なくなったが、サフランをスパイス陳列棚ではなくレジのうしろに置いているスーパーマーケットもある。

購入の際には、サフランパウダーは糸状のものよりも偽装が簡単であることを忘れないでいてほしい。サフランパウダーには、それ以外の、たとえばパプリカなど色が深紅のスパイスを混ぜたり、まったく別の花やその雌しべや雄しべ、木くずなどを赤く染めたものでかさ増ししている可能性もある。パウダーのサフランが欲しいのなら、できれば糸状のサフランを買って、自分でそれを挽いて粉末にするのが一番だ。

◉サフランを栽培する

ペンシルベニア州ランカスター郡では、18世紀にメノナイトがサフラン栽培に取り組んだ。その子孫であるマーティン・キーンは10年あまりにわたって、多角経営の一環として自身の農地でサフランを栽培し、販売してきた。キーンの助言に基づいて、サフラン自給のコツを記す。

購入しようとしているものがサフランの球茎であるかの確認　それがサフラン（学名 *Crocus sativus*）であることを確認しよう。サフランは「サフラン・クロッカス（saffron crocus）」あるいは「秋咲きのクロッカス（autumn crocus）」と呼ばれることもある。一般的な春咲きのクロッカス（学名 *Crocus vernus*）にはサフランのような柱頭はない。

植える場所　サフランは水はけがよく、有機物が適度な土壌を好む。ただし養分が多すぎる肥沃な湿地は好まない。

植える時期　球茎は6月から8月にかけて植えるが、住む地域の耐寒性ゾーン［植物が越冬できる地域。この指標となるマップがある］を確認すること。サフランはアメリカではゾーン6から9までの地域で植えることが可能で、一般に夏の気温が35℃程度まで、最高でも40℃を超えず、冬にはマイナス15℃程度まで、最低でもマイナス20℃より低くならない地域だ。

球茎を何個植えればよいか計算する　大さじ1のサフラン（スパイス）を生産するのに50から60個の花が必要だ。収穫したいスパイスの分量に応じた計画を立てよう。また途中で投げ出すことなく収穫できるだけの量にしよう。収穫も簡単な作業ではないのだから！

植え方　球茎は深さ10センチに、10センチ間隔で植える。

収穫の時期　紫色の花が満開になって暗紅色の柱頭が姿を現わしたら、朝露が消えてすぐの早朝に花を摘まなければならない。一度にどれくらいの量の柱頭なら摘み取ることができるかを考え、それに見合うだけの花を摘むこと。花はあっという間にしぼんで枯れはじめる。

収穫の仕方　花から手早く柱頭を摘み、それをオーブンシートを敷いたトレーに入れる。これが赤い糸状サフランになる。

乾燥の方法　サフランの柱頭は重ならないように広げて並べる。白くて薄い綿モスリン［平織の薄くてやわらかい布］をかぶせ、温かく乾燥した場所に置く。3日ほどするとサフランは乾燥し、さわると砕けやすくなっているはずだ。

球茎を掘り出して分けるべきか　サフランの開花期が終わったら球茎を掘り出す人もいるが、マーティン・キーンは、そのまま地中においておけばよいと言う。5年から6年植えたままにしておくと子球が増えて密集し、花を摘む作業が難しくなることもある。その時点で、球茎を掘り上げそっと分けておき、それを再度植えればよい。

サフランの球茎をどこで購入するか　ホワイトフラワー・ファーム（whiteflowerfarm.com）、ダッチ・グロウン（dutchgrown.com）、ベーカー・クリーク・エアルーム・シード（rareseeds.com）、ロコサフラン（オランダ、rocosaffron.com）、サティヴス（オランダ、sativus.com）、ＲＨＳプランツ（イギリス、www.rhsplants.co.uk）、クロッカスＵＫ（イギリス、www.crocus.co.uk）、イングリッシュ・サフラン（イギリス、englishsaffron.co.uk）などがお勧めだ。

小規模農家や自宅でサフランを栽培したい人のために、バーモント大学サフラン研究・開発北米センターは豊富な情報やセミナーを提供し、また提案を行っている。サフラン栽培者のためのフォーラム「サフラネット」を運営しているので、uvm.edu/~saffron を訪問してみるとよい。

謝辞

サフランに関する本の執筆をはじめるにあたって、この伝説の食材を愛する人々が抱く情熱がどれほどのものか、私は十分に理解していたわけではなかった。私はイラン系であるため、サフランは生活の一部というか、生活に「あって当たり前のもの」であって、大きな情熱を抱く対象となるようなものではなかったのだ。

本書の執筆を進めるなかで、サフランの話題に乗ってこない人にはあまりお目にかからなかった。サフランが嫌いだという人もいるにはいたがごくまれで、わずかな例外にすぎなかった。そうしたサフラン愛好者を自認しない人たちは、たいていは、おおまかな知識はあっても、このスパイスのことをよく知らない場合が多かった。知っていることといったら、サフランがとても高価なことや、調達するのが難しいという点くらいだった。

本書執筆のための調査で、21世紀には、伝統的な栽培地域以外でサフラン栽培の取り組みが進行中であることを学べたのは非常にすばらしい経験だった。こうした農家——多くがサフランとの文化的なつながりはさほどもっていない——の果敢な努力には感銘を受けるが、それだけでなく、彼らは、紛れもなくスパイスの女王であるサフランの魅力と価値を維持するカギともなっている。こうした、新しくサフラン栽培に取り組む農家のみなさんに私は感謝の念を抱く。私たちは幸運にもサフランを食の一部とする伝統のなかで育ってきたが、彼らの熱意によって、サフランがどれほど貴重なものであるかについて今一度気づかされるからだ。

熱心なサフラン愛好者のみなさん——生産者、栽培者、シェフ、家庭で調理する人たち——にも感謝申し上げる。サフランにまつわる話や知識、レシピを授けてもらい、この本に書くことができたからだ。ペンシルベニア州ランカスター郡のシャーレーン・ファン・ブルックホーフェン夫人とマーティン・キーン、シェフのヴィカス・カンナ、フードライターのモニカ・バイド、そして何代にもわたって伝授されてきた、サフランの美しい色や香り、風味を出すのに最適な方法やレシピを提供してくれた私の親族にも感謝する。

こうしたサフラン愛好者のみなさんと仕事を行えて、多くの点で最高の資料収集が可能になった。それにまさるのは、タイムマシンに乗って歴史をさかのぼることくらいだろう。みなさんは、何世紀も前の歴史書にほぼ準じたサフランの調達や栽培、利用を行おうと奮闘し、成功している。そうした経験を学ぶにつれ、サフランがなぜスパイスの女王としての地位を保っているのか、よく理解できるのだ。

訳者あとがき

本書『「食」の図書館　サフランの歴史 *Saffron: A Global History*』は、イギリスの Reaktion Books が刊行する The Edible Series の一冊である。このシリーズは２０１０年に、料理とワインに関する良書を選定するアンドレ・シモン賞の特別賞を受賞している。

料理史家である著者ラーミン・ガネシュラムは、世界のサフラン生産量の9割を占めるイランにルーツをもち、母親の手料理などで幼い頃からサフランに親しんできた。本書では、サフランと密接なつながりをもつ文化で育った著者が、「スパイスの女王」サフランの歴史とその価値や魅力をたっぷりと解説している。

約5万年前のメソポタミアの洞窟壁画にも描かれているように、人類はサフランの存在を遠い昔から知り、利用していた。そして青銅器時代のギリシアでさかんに使われていたサフランは、いくつもの帝国の勢力拡大に伴い、またシルクロードを伝って世界に広がった。著者は、サフランがヨーロッパ各地やアジアに伝わって栽培され利用されたようすを、過去の文献や芸術品なども紹介しつつ解説するが、残念ながら日本における歴史にはふれられていない。

日本でももちろんサフランは利用されており、江戸時代末期に医薬品として渡来したという。明治時代には神奈川県で栽培がはじまり、おもに薬の原料とされた。昭和初期には1000キロ近かったと言われる国内生産量は、外国産サフランの輸入量増加などの要因で大きく減少し、現在では30キロ足らずだそうだ。栽培がはじまった当初に比べると生産地自体も減り、今では大分県竹田市が国内生産量の8割ほどを占める。ここでは、稲刈り後の秋から春にかけて水田に植え寝かせておいたサフランの球茎を掘り起こし、それを屋内の「開花室」の棚においた箱にびっしりと並べ、開花直前の花を摘みとって柱頭を摘むそうだ。本書では欧米や中東の栽培地域に紫色のサフラン畑が広がるようすが紹介され、現代では栽培地域の気候に応じた栽培法が工夫されつつあることも解説されている。しかし竹田市は、本書に書かれているものとはまったく異なる独自の栽培法を採っている。降水量の多い日本では、室内栽培には天候に影響されずに収穫できる利点があるという。この栽培法は100年以上続いているもので、それほど昔から、日本の風土に適した独自の栽培法が工夫されていることを知って驚きだった。

著者は謝辞で「伝統的な栽培地域以外でサフラン栽培に取り組む人々の果敢な努力」に対

して敬意と感謝の気持ちを表している。竹田市でも、サフラン農家の高齢化が進むなか、サフラン栽培の伝統を絶やさないため、また国産の良質なサフランを出荷するための努力が続けられているという。

本書では、世界一高価なスパイスであるサフランの栽培が途上国の貧困対策になっていることも取り上げている。だがそうした国は紛争地域である場合も多く、安定した生産量確保や事業運営が簡単ではないとも書かれている。本年（２０２１年）８月にはアフガニスタンでのタリバンによる政権掌握のニュースが報じられ、本書でも紹介されているサフラン栽培の今後も気になるところだ。

本書を訳すにあたっては多くの方にお世話になった。とくに本書を訳す機会とさまざまな助言をいただいた原書房編集部の中村剛さん、いつも温かくサポートしてくださっているオフィス・スズキの鈴木由紀子さんには心より感謝申し上げる。

２０２１年11月

龍 和子

posed by a Creative Commons Attribution 2.0 Generic License. Ewan Munro, the copyright holder of the image on p. 13; Pelican, the copyright holder of the image on p. 47; and Carole Raddato, the copyright holder of the image on p. 55, have published them online under conditions imposed by a Creative Commons Attribution-ShareAlike 2.0 Generic License. Safa Daneshvar, the copyright holder of the images on pp. 26, 126 and 127; Yann Forget, the copyright holder of the image on p. 104; and Wolfgang Saube, the copyright holder of the image on p. 97, have published then online under conditions imposed by a Creative Commons Attribution-ShareAlike 3.0 Unported License. Jan Harenburg, the copyright holder of the image on p. 64, and Wellcome Collection, the copyright holder of the image on p. 59, have published them online under conditions imposed by a Creative Commons Attribution 4.0 International License. Christopher J. Fynn, the copyright holder of the image on p. 100; Florian Maier, the copyright holder of the image on p. 103; Manfi (یفنام), the copyright holder of the image on p. 18; Mostafa Meraji, the copyright holder of the image on p. 12; Gabriel Moss/Mossmaps, the copyright holder of the image on p. 49; Salix Oculus, the copyright holder of the image on p. 121; and Rezarad, the copyright holder of the image on p. 52, have published them online under conditions imposed by a Creative Commons Attribution-ShareAlike 4.0 International License.

写真ならびに図版への謝辞

図版の提供と掲載を許可してくれた関係者にお礼を申し上げる。簡略化し，一部作品の掲載ページを以下にまとめる。

Photo Alice Alphabet/Pixabay: p. 144; from *Arzneibuch* (Austria or South Germany, *c.* 1675), photo courtesy Wellcome Library, London (MS990): p. 77; photo Jonas Bergsten: p. 75; from Giorgio Bonelli, *Hortus romanus secundum systema J. P. Tournefortii . . .*, vol. VI (Rome, 1780), courtesy The New York Public Library: p. 80; British Museum, London: p. 107; photo Bogdan Ch/Pixabay: p. 6; photos Ramin Ganeshram: pp. 15, 16; Gemäldegalerie Alte Meister, Dresden: p. 24; from Johann Ferdinand Hertodt, *Crocologia seu Curiosa Croci Regis Vegetabilium Enucleatio* (Jena, 1671): p. 79; Historic New England, Boston: p. 91; hlphoto/Shutterstock: p. 11; from *The Illustrated History of the World, for the English People*, vol. I (London, 1881), courtesy Robarts Library, University of Toronto: p. 44; Philippe Imbault/Shutterstock: p. 118; Indian Food Images/Shutterstock: p. 101; photo Vikas Khanna: p. 27; Kulnisha Studio/Shutterstock: p. 128; Kuvona/Shutterstock: p. 140; from Sir Austen Henry Layard, *A Second Series of the Monuments of Nineveh* (London, 1853), courtesy The New York Public Library: p. 51; from Prince Louis i of Anhalt-Köthen, *Der Fruchtbringenden Geselschaft Nahmen, Vorhaben, Gemählde und Wörter* (Frankfurt, 1646), courtesy University of Illinois at Urbana-Champaign: p. 111; from George Maw, *A Monograph of the Genus Crocus* (London, 1886), courtesy LuEsther T. Mertz Library, New York Botanical Garden: p. 29; photo G. Melfi: p. 22; The Metropolitan Museum of Art, New York: pp. 110, 112; National Gallery of Art, Washington, DC: p. 92; The New York Public Library: pp. 45, 99; The Newberry Library, Chicago: p. 70; Österreichische Nationalbibliothek, Vienna: p. 73; from Timothy Sheldrake, *Botanicum Medicinale: An Herbal of Medicinal Plants on the College of Physicians List* (London, 1768), courtesy the Public Library of Cincinnati and Hamilton County, OH: p. 9; StockImageFactory.com/Shutterstock: p. 35; Trinity College, Dublin: p. 105; photo USAID Afghanistan: p. 38.

Jon Connell, the copyright holder of the image on p. 131, and Geishaboy500, the copyright holder of the image on p. 138, have published them online under conditions im-

参考文献

Dewan, Rachel, 'Bronze Age Flower Power: The Minoan Use and Social Significance of Saffron and Crocus Flowers', *Chronika*, 5 (2015), pp. 42-55

Gerard, John, *The Herball, or, Generall Historie of Plantes. Gathered by John Gerarde of London, Master in Chirurgerie* (London, 1597)

Hess, Karen, *Martha Washington's Booke of Cookery* (New York, 1981)

Humphries, John, *The Essential Saffron Companion* (Berkeley, CA, 1998)

Srivastava, R., et al., '*Crocus sativus L.*: A Comprehensive Review', *Pharmacognosy Reviews*, IV/8 (2010), pp. 200-208

Willard, Pat, *Secrets of Saffron: The Vagabond Life of the World's Most Seductive Spice* (Boston, MA, 2001)

レシピ集

このレシピ集で使用するサフランは，料理によって糸状（ホール）のものであったり粉末状（パウダー）であったりするが，サフランパウダーは色も香りもより濃いということを確認しておきたい。糸状のものに代えてパウダーを使用する，あるいはその逆の場合は，それをふまえて分量を判断すること。

サフランパウダーのほうが色や香りは早く失われがちなので，レシピ通りのおいしい料理を作るためにも，パウダーではなく糸状のサフランを購入することをお勧めする。密閉容器に保存して，直射日光があたる場所や高温での保存は避けよう。

また，とくに乾燥した気候に住んでいないかぎり，挽く前には糸状のスパイスを軽く炒ったほうがよい。そうしないと挽きづらいし，料理のできばえもよくないだろう。湿ったサフランの柱頭ほど厄介なものはない。結局はよい色や香りが出ないからだ。フライパンを弱めの中火にかけてサフランの糸を乾煎りする。30秒から40秒ほどフライパンをゆすると糸の色が少々濃くなるが，焦がさないこと。火からおろしたらすぐに挽く。その前にすり鉢にごく少量の砂糖をくわえると挽きやすくなる。

本来はあまりサフランを使わない料理に実験的に使用したい人には，昔からある組み合わせを参考にすることをお勧めする。というのも，サフランと組み合わせることでその食材が本来もつ「おいしさ」が失われてしまう可能性もあるはずだからで，また，サフランは収斂（しゅうれん）作用があり繊細な味と香りをもつため，少々扱いが難しいところがある。挽きたてのサフランパウダーはとくに風味や色や香りが強いが，組み合わせる食材が風味の強いものであったり，別の香味料を一緒に大量に使ったりすると，それに負けてしまうかもしれない。

一般に，東洋の香料や食材は伝統的にサフランとはとても相性がよい。クミン，アーモンド，レモン，ピスタチオ，フェネル［セリ科の植物で食用や薬用に広く利用されてきたハーブ］，コメなどがそうで，トマト，ジャガイモ，魚，甲殻類や鶏肉などもうまくいく。ワインをサフランと組み合わせる場合は，辛口の白ワインがよく合う。

◉アーミッシュのサフラン・チキンスープとリベル（ダンプリング）

シャーレーン・ファン・ブルックホーフェン夫人はペンシルベニア州リティッツ在住だ。ここは「アメリカ最高の小村」と称され，ペンシルベニア・ダッチの遺産が色濃いランカスター郡の村。

ファン・ブルックホーフェン夫人の祖先はモラヴィア［チェコ共和国東部の地方］系ドイツ移民であり，アメリカ独立戦争直後にこの地に移住してきた。熱心な造園家であり，歴史愛好家で料理人でもある夫人が言うには，自身はアーミッシュでもメノナイトでもなく，「シンプル・フォーク（simple folk［簡素な生活を送る人々］）」――アーミッシュやメノナイトを地元の人々がそう呼ぶことがある――からいろいろなことを学んだのだそうだ。そのなかでもとくに多くを学んだのがサフランの育て方で，この地域で人気の料理を作る際に使うためのものだ。ここで紹介する卵のダンプリング入りチキンスープも，この地域ではよく食べられている。

（8～10人分）
（スープ用）
鶏肉（ぶつ切り）…1.8キロ
水…2.75リットル
挽いたサフラン…小さじ¼
軸つきの新鮮なトウモロコシ…6本（またはホワイトコーンの缶詰400g。水分を切る）
パセリ…大さじ1（直前にきざむ）
固ゆで卵（さいの目切り）…3個
塩と挽きたてのコショウ（味つけ用）
必要に応じて缶入りまたはパック入りのチキンスープストック

（リベル用）
中力粉…1カップ（125g）
塩ひとつまみ
溶き卵…1個

《チキンスープを作る》
1. 大型のスープ鍋に鶏肉を入れ，水と塩をくわえて火にかける。
2. 沸騰したら肉がごくやわらかくなるまで1時間半ほど弱火で煮込む。フォークを使えば骨から身が簡単に離れるくらいやわらかくする。
3. 鶏肉を穴じゃくしで鍋から取り出して，さわってもやけどしないくらいまで冷ましたら，骨から身をすべて外しておく。
4. 目が細かい漉し器でスープを別の鍋に漉し入れ，サフランをくわえて沸騰させる。

《リベル（ダンプリング）を作る》
5. 小麦粉と塩を混ぜ，さらに溶き卵をくわえてかき混ぜる。しっとりとするまで混ぜて，どろりとしすぎているようであれば小麦粉をごく少量，小さじ1ずつくわえて，やわらかくしなやかな生地にする。
6. 5でできたリベルの生地をちぎり，両手で25セント硬貨くらいの大きさに丸めて沸騰した4のスープに入れ，リベルどうしがくっつかないようにときどきかき混ぜる。
7. 中火にしてリベルを15分ほどゆでる。

《仕上げ》
8. 新鮮なトウモロコシを使う場合は，トウモロコシの粒を軸からそぎ落とす。

軸が出ているほう（太いほう）を上にしてもち，上から下へと，刃が大きく切れ味のよいナイフで全体をそぎ落とすとよい。冷凍のコーンを使う場合は事前に解凍しないこと。

9. トウモロコシ，パセリ，固ゆで卵，塩，コショウを7のリベル入りのスープにくわえ，さらに骨から外しておいた鶏肉も戻す。
10. 10分ほど弱火で煮て少々煮詰める。スープが煮詰まりすぎた場合は，缶入りやパック入りのスープストックをくわえて味をととのえる。

………………………………………………

◉アーミッシュ・シュトロイゼルクーヘン（ペンシルベニア・ダッチ・クラムケーキ）

シャーレーン・ファン・ブルックホーフェン夫人は，アメリカ独立戦争以来ペンシルベニア・ダッチの地であるランカスター郡に居住する家系にあり，アーミッシュやメノナイトの隣人たちから数多くのレシピを教わっている。ここで紹介する簡単なクラムケーキ（コーヒーケーキ）もたっぷりのサフランを使っていて，濃い黄色とサフランの風味を楽しめる。もっとサフランを使いたい場合は，小さじ1まで増やしてもよい。ランカスター郡では伝統料理の多くでそうするように，ブルックホーフェン夫人のレシピでは，スープからデザートにいたるまで地元産のサフランを使用する。

（直径23センチのケーキ3個分）
グラニュー糖…2カップ（400*g*）
中力粉…3カップ（375*g*）
クリームタータ（酒石英）*…小さじ1
重曹…小さじ1
マーガリン…1カップ（224g）**
バターミルク***…1カップ（250*ml*）
糸状のサフラン（ホール）…小さじ¼
溶き卵…2個
バニラ…小さじ1

* 気泡を安定させるために使う添加物
** マーガリン½カップ（112*g*）とやわらかくしたバター½カップ（112*g*）でもよい。
*** 生クリームからバターを作るときにできる，脂肪分がほぼ含まれていない液体

1. オーブンを180℃に余熱しておく。
2. 直径23センチのケーキパン3個にオイルをひくかバターを塗る。
3. 大型のボールでグラニュー糖，小麦粉，クリームタータ，重曹を混ぜる。パドルを取りつけたスタンドミキサーでボールの中身を混ぜてもよい。
4. 3にマーガリン，またはマーガリンとバターを混ぜたものをくわえ，パドルをつけたスタンドミキサーでぽろぽろになるまで混ぜる。または，ペストリーカッターかフォークを使ってマーガリン（またはマーガリンとバター）をほぐすようにして混ぜ，ぽろぽろにする。
5. 4でできたクラム½カップ（54*g*）は，

ケーキの上に散らすためにとっておく。

6. 小さなソースパンでバターミルクを湯気がでるまで弱火で温め，火からおろしてサフランをくわえたら冷ましておく。
7. 6のサフラン入りバターミルク，溶き卵，バニラを4にくわえて混ぜ，しっとりとして，やわらかで軽いクラム生地にする。
8. この生地を2のバターを塗ったケーキパン3個に平らに流し込み，上に5のクラムを均一に散らす。
9. オーブンで40～45分焼いて，串を中央に刺して引き抜いたときになにもついてこなければ焼き上がり。

....

◉アプリコット，ローズ，サフランのパンプディング

このパンプディングにはペルシアの宗教儀式のデザートで使われるカルダモンと，中東で人気のあるアプリコットを使用する。伝統的な味を組み合わせたこのパンプディングは香りがよくて甘く，少々酸っぱい菓子だ。サフランをくわえると，「来客時に出しても恥ずかしくない」ぜいたくな黄金色のパンプディングになり，ホイップクリームの白とのコントラストが美しい。パンプディングの形に決まりはないが，私はローフパン［パンを焼くための細長い直方体の鍋］で焼いてスライスし，それにローズウォーター・シロップで風味づけしたホイップクリームを飾る。

（6～8人分）

（パンプディング用）

固くなりかけた食パンやブリオッシュを1.5センチ弱のキューブ状にしたもの…4カップ（340*g*）

牛乳…2カップ（500*ml*）

無塩バター…小さじ2

干しアプリコット…きざむ，1カップ（175*g*）

砂糖漬けショウガ…きざむ，¼カップ（30*g*）

シーソルト（コーシャソルト*）…小さじ⅛

カルダモンパウダー…小さじ⅛

シナモン…小さじ½

ナツメグ（挽きたてのものがよい）…小さじ⅛

白砂糖…カップ¾

バニラエキス…小さじ1

挽いたサフラン…小さじ½

卵…大2個

* ユダヤ教の戒律に則った，精製されていない自然塩

（ホイップクリーム用）

ヘビークリーム（またはダブルクリーム）**…1カップ（250*ml*）

装飾用（アイシング）シュガー…¼カップ（30*g*）

ローズシロップ，またはローズウォーター…小さじ¼

バニラエキス…1滴

** どちらも乳脂肪分が高い生クリームでホイップに適する

1. 大型のボールに入れたパンのキューブに1カップの牛乳を注ぎ，混ぜてキューブにしみこませておく。
2. 大型のソテーパンを中火で熱してバターを入れ，溶けたらアプリコットとショウガをくわえる。
3. かき混ぜながらアプリコットがあめ色になりはじめるまで2～3分熱し，塩をくわえて混ぜたら火からおろす。
4. 残りの牛乳をカルダモン，シナモン，ナツメグと一緒に中型のソースパンに入れて弱めの中火にかけ，湯気が出はじめたら砂糖を振り入れ，砂糖が溶けるまで2分ほど熱する。
5. 4に3のアプリコットとショウガをくわえて混ぜ，さらにバニラエキスとサフランをくわえたら，ソースパンを火からおろしてしっかり冷ます。冷めたら卵をくわえてよく混ぜる。
6. 5に1で用意したパンのキューブをくわえ，返すように混ぜて全体にからめる。これを20分ほどおき，パンのキューブにしっかりと5を吸わせる。
7. オーブンを180℃に余熱する。大型のローフパンかテリーヌ型にバターを塗るか，オイルをスプレーする。
8. 6をローフパンに流し入れ，ゴム製スパチュラでならしてローフパンに密着させる（牛乳がローフパンのふちまで上がってくることもあるのでやさしくならすこと）。
9. ローフパンをこれより大きいベーキングディッシュにのせ，これをオーブンに入れたら，ローフパンの高さの半分くらいまでくるようにベーキングディッシュに湯を注ぐ。
10. 35分ほど焼くと，ローフパンをゆすってもパンプディングが揺れず，表面が黄金色になるので，オーブンから出し粗熱を取る。
11. パンプディングを冷ましているあいだにホイップクリームを作る。泡立て用アタッチメントをつけたスタンドミキサーに，ヘビークリーム，砂糖，ローズウォーターエキスかシロップ，バニラエキスを入れたボールをセットする。
12. ホイップクリームにしっかりとツノが立つまで，「中」レベルの強さでホイップする。あるいは，泡だて器を使って手で，またはハンドミキサーでクリームをホイップするのもよい。
13. パンプディングの上に大皿をかぶせ，ひっくり返して大皿にパンプディングをのせる。
14. パンプディングを厚さ2.5センチにスライスして，12のローズウォーターエキス（またはシロップ）をくわえたホイップクリームを添えてデザートとして供する。余ったパンプディングは冷蔵庫で保存する。

………………………………………

◉アランチーニ

サフランのリゾットをしっかりと冷まして小さな球形にし，パン粉をつけて揚げたのがアランチーニだ。とてもおいしい前菜で，立派な食事にもなる。サフランのリゾットが余ったときにも作ることができるアランチーニは，余りものの再利用としては最高のレシピだろう。

（約24個分）
オリーブオイル…大さじ2
紫タマネギ（小）…きざむ，1個
ニンジン（小）…きざむ，½本
セロリの茎…きざむ，½本
パンチェッタ*（さいの目切り）…230g
トマトペースト…大さじ1
エシャロット**（中）…きざむ，1個
アルボリオ米***…1½カップ（300g）
サフランパウダー…小さじ¼
おろしたパルメザンチーズ…¼カップ（25g）
塩と挽きたての黒コショウ（味つけ用）
卵…2個
パン粉…2カップ（220g）
オリーブオイル（揚げ油用）…1½カップ（375ml）

* 塩漬けした豚バラ肉
** 小型タマネギの一種の香味野菜
*** イタリアの短粒米。リゾット作りによく使われる。

1. 大さじ1のオリーブオイルを大型のフライパンに入れて中火にかける。これに紫タマネギ，ニンジン，セロリをくわえてときどきかき混ぜ，しんなりするまで8～9分ほど炒める。
2. 1にパンチェッタをくわえてカリカリになって色づくまで，10分ほど炒める。
3. フライパンに出た余分な脂を捨てたらトマトペーストをくわえてかき混ぜ，弱めの中火にして，ときどきかき混ぜながら5～10分ほど熱する。
4. 火からおろして冷まし，ボールに移して冷蔵庫で冷やす。
5. 深さのある中型のソースパンを中火にかけ，残しておいた大さじ1のオリーブオイルを入れ，エシャロットをくわえてかき混ぜながら，しんなりするまで2分ほど炒める。
6. 5にアルボリオ米をくわえてかき混ぜ，全体にオイルとエシャロットをからませたら，1½カップ（375ml）の水をくわえて沸騰させる。
7. 6にサフランをくわえてかき混ぜ，フタをして火からおろしたら20分そのままおいておき，その後パルメザンチーズ，塩，コショウをくわえてよくかき混ぜる。
8. 7をオーブン用シートを敷いたクッキングシートに広げ，固まるまでしっかりと冷ます。
9. 大きく浅型のボールかオーブン皿に卵を溶く。別の大きく浅型のボールか皿にはパン粉を敷く。

《アランチーニを作る》

10. 8を大さじ山盛り1すくって――ゴルフボールくらいの大きさ――冷水で濡らした手で平たい円盤型にする。

11. 4で冷ましておいたパンチェッタのフィリング小さじ1を10の中央にのせ，そっと包んで中身が見えないように閉じ，球形にする。8と4をすべて使ってこのライスボールを作る。
12. 9の卵液につけたライスボールをパン粉の容器に入れ，ボール全体にパン粉をつける。
13. ライスボールすべてにパン粉をつけたら，オーブン皿かクッキングシートにのせて冷蔵庫で30分冷やし固める。
14. 大型で底の厚いソースパンを中火にかけて，揚げ油用のオリーブオイルを熱する。フライ用の油温計が182℃になるか，小麦粉をひとつまみオイルに落としてみてすぐにジュージューと音を立てれば，ライスボールを重ならないようにしてオイルに入れ，全体がキツネ色になるまで揚げる。
15. ソースパンにライスボールを詰め込みすぎないようにすること。必要であれば，数回に分けて揚げる。
16. 穴じゃくしでライスボールをすくい，クッキングシートにのせた油切りの金網か，ペーパータオルを敷いたトレーに移して，少し冷めてから供する。

…………………………………………

◉スウェーデンのサフランパン（ルッセカッテル）

スウェーデンではサフラン栽培は行われていないが，このパンのような，特別な行事の料理にはサフランが使われる。これは中世に起源をもつ，12月13日の聖ルシア祭［キリスト教の聖人，聖ルシアを祝う行事］に供されるものだ。サフランはイタリアやフランスといったヨーロッパの国々との交易でスウェーデンに入ってきたと思われ，他の文化と同様，高価なスパイスであるため，祝祭用の食事に最適な食材とされたのだろう。今日では，「ルッセカッテル」は12月のクリスマス休暇期間を通して食べられる，クリスマスに欠かせない菓子となっている。このパンはおもしろいことに必ず「S」字形をしていて，おそらくはサフラン（saffron）に敬意を払ってのものだろう。

（ルッセカッテル1ダース分）
牛乳…¾カップ（175ml）
グラニュー糖…¼カップ（50g）と小さじ1
サフラン（ホール）…小さじ¾
アクティブドライイースト（活性乾燥酵母）…小さじ2¼
中力粉…3½カップ（490～570g），必要に応じて分量を増す
シーソルト（コーシャソルト）…小さじ½
カルダモン…小さじ¼
無塩バター（やわらかくしたもの）…60g
サワークリーム…¼カップ（60ml）
卵（大）…2個
溶き卵…1個（つや出し用）
レーズン

1. 牛乳とグラニュー糖小さじ1，サフランを小さな鍋に入れて中火にかける。牛乳から湯気が出るまで2～3分温め，沸騰させないこと。
2. よくかき混ぜてグラニュー糖を溶かし，火からおろしたら牛乳の粗熱を取って45℃程度にする。
3. 2にドライイーストを振り入れて，泡立つまで1～2分おいておく。
4. 中力粉，塩，カルダモンをボールに入れてスタンドミキサーにセットし，小麦粉の中央部分にくぼみを作ったらドーフック［パン生地をこねるためのアタッチメント］をスタンドミキサーに取りつける。
5. 4に2の牛乳を注ぎ入れ，無塩バター，サワークリーム，卵2個もくわえたら，ミディアムローに速度調節して全体をよく混ぜ合わせる。
6. さらに，ようすを見ながら一度に中力粉大さじ1ずつくわえ，なめらかで弾力のある生地にする。ボールにくっつかずにはがれるが，さわるとやわらかい生地にしよう。
7. ドーフックを取り外して生地を丸めたらボールにラップをかけて，温かく乾燥したところで1～2時間ほど寝かせて一次醗酵させ，2倍くらいに膨らませる。
8. 生地が膨らんだらたたいてガス抜きをし，同じ大きさに12個に切り分け，それぞれを長さ約35センチのヒモ状にする。
9. ヒモ状の生地を，両先端が反対方向を向くように曲げて「S」字形にして，オーブンシートの上に敷いたクッキングシートに並べる。その際にはあまり密にならないように，2.5～5センチほど間隔をとる。必要ならクッキングシートを何枚か使う。
10. 9のルッテカッセルをラップで覆い，2倍程度に膨らむまで1時間ほど寝かせて二次醗酵させる。
11. オーブンを200℃に余熱し，ルッテカッセルすべてに溶き卵を塗ってつや出しを施し，S字の中央にレーズンをのせる。
13. ルッテカッセルを10～12分，しっかりとした黄金色になるまで焼く。途中でクッキングシートを180度回転させ，焼き色が均一につくようにする。

……………………………………………

◉チキンコルマ

チキンコルマはインド北部の料理で，欧米のインド料理店でも人気がある。サフランは必ず使うというわけではないが，サフランをくわえることで濃い黄色になり，繊細な風味もくわわる。サフランを使ったインド料理の多くと同じく，チキンコルマは結婚式など特別な行事でよく供される。

（6人分）
プレーンヨーグルト…490*g*
ニンニク片…つぶす，4個
おろしショウガ…大さじ2

骨なし，皮なしの鶏ムネ肉…1.4キロ
挽いたサフラン…小さじ1
熱湯…大さじ2
ココナツオイル…大さじ6
黄タマネギ（中）…薄くスライスする，2個
ガラムマサラ…大さじ1
カイエンペッパー…小さじ¼
塩…小さじ1
水またはチキンスープ…3カップ（750*ml*）
アーモンドバター…¼カップ（65*g*）

1. 中型のボールでヨーグルト，ニンニク，ショウガをよく混ぜ合わせる。
2. 鶏ムネ肉を1枚ごとに3等分に切り分け，浅いベーキングディッシュにのせたら，1を全体にかけまわしてラップで覆って冷蔵庫で3時間以上，できればひと晩寝かせる。
3. 小さなボールに入れた熱湯にサフランをくわえ，冷ましておく。
4. 鶏肉がすべて並べられる大きさの鍋を用意し，中火にかけてココナツオイルを熱し，黄タマネギをあめ色になるまで炒める。
5. 穴あきスプーンで黄タマネギをすくってペーパータオルを敷いた皿に移す。
6. 鍋に残ったオイルにガラムマサラをくわえて1分ほど熱したら，2の鶏肉と5の黄タマネギをくわえて5～6分炒める。鶏肉からヨーグルトが分離しはじめたらカイエンペッパーと塩をくわえる。
7. 6に水かチキンスープを注ぎ入れよく混ぜ合わせたら，一度沸騰させて弱火にする。
8. 7にアーモンドバターをくわえてよくかき混ぜ，フタをとって25分ほど弱火で煮込む。
9. 8に3のサフラン水をくわえながらよく混ぜ，さらに1～2分煮る。熱いうちにライスと一緒に供する。

……………………………………………

●昔ながらのシーフードパエリア

スペインは高品質のサフランを産すると言われることが多いが，今日スペイン産とされるサフランの多くは他国産，通常はイラン産サフランを産地名変更したものだ。スペインにはパエリアをはじめ，サフランが使われている伝統料理は多数ある。パエリア作りのポイントは，この料理に最適なコメを使うことだ。スペインのボンバ米は昔からパエリアに使われていて，水分をよく吸収し，固くなりづらい。

（4～6人分）
大き目のエビ…340*g*，殻をむき内臓を取る。殻は取っておく。
挽いたサフラン…小さじ¼
アサリ…1ダース，よく洗っておく
ムール貝…1ダース，足糸（そくし）*を取り除いてよく洗っておく。
エキストラバージン・オリーブオイル…大さじ2

タマネギ（小）…きざむ，1個
ピーマン（中）…きざむ，1個
赤ピーマン（中）…きざむ，1個
ニンニク片…つぶす，4個
ボンバ米…2カップ（400g）
辛口の白ワイン（アルバリーニョ，ソーヴィニヨン・ブランなど）…½カップ（118ml）
トマト（中）…タネを取り粗くきざむ，3個
スペイン産ピメントン（燻製パプリカ）…小さじ1
チキンスープ…1リットル
塩と挽きたてのコショウ，味つけ用
パセリ…直前にみじん切りにする，大さじ2（飾り用）
くし切りのレモン（飾り用）
* 岩場に張りつくためのヒゲのようなもの

1. 中型のソースパンに2½カップ（⅔リットル）の水を張り，エビの殻をくわえて弱火で10分煮たら，別のソースパンにスープを漉しておく。
2. 小型のボールに入れた¼カップ（60ml）の熱湯にサフランを溶いておく。
3. 大きな深型のソースパンに½カップ（120ml）の水を入れ，アサリとムール貝をくわえて強めの中火にかけ，フタをして5～7分，アサリとムール貝の殻が開くまで熱する。
4. アサリとムール貝をソースパンから取り出したら，煮汁を清潔なボールに漉しておく。アサリとムール貝もとっておくが，殻が開かなかったものは捨てること。
5. 大型で，口が広く深いソテーパンかパエリアパンを弱めの中火にかけてオリーブオイルを熱し，タマネギとピーマン，赤ピーマンをくわえる。2～3分熱してタマネギがしんなりしてきたらニンニクをくわえ，よくかき混ぜてさらに1分熱する。
6. 5にボンバ米をくわえてしっかり混ぜて全体にからませ，白ワインを注ぎ，ときどきかき混ぜながらワインのアルコール分がほぼ飛ぶまで熱する。さらにトマトをくわえてしっかり混ぜ，1～2分熱したらピメントンをくわえる。
7. 6に，1で作ったエビの殻のスープ，4のアサリとムール貝の煮汁，チキンスープをくわえる。さらに2のサフラン水もくわえてよくかき混ぜる。
8. 塩と挽きたてのコショウで味つけし，よくかき混ぜたら10分ほど煮て，1，2回かき混ぜ具が均一に広がるようにする。
9. アサリとムール貝，生のエビを8にくわえ，アルミホイルでフタをし，弱火にする。
10. コメがスープを吸ってはいるが，少々芯が残った状態（アルデンテ）になるまで7～8分熱する。パセリとくし切りのレモンを飾り，パエリアパンから取り分ける。

……………………………………

◉ケサル・ペダ

ケサル・ペダはインドで人気の「ミタイ」（デザート）で，祭日やお祝いに供されることが多い。ケサルはカシミール地方の言葉でサフランを意味する。このデザートは通常はコア（マバとも言われる）で作る。コアとは牛乳を煮詰めて固形状にした南アジアの乳製品だが，水切りしたリコッタチーズで十分に代用可能だ。

（約30個分）
牛乳…大さじ2
サフラン（ホール）…小さじ½
リコッタチーズ…900g
ギー（澄ましバター）…大さじ4
砂糖…2カップ（400g）
粉ミルク…1カップ（128g）
挽いたカルダモン…小さじ1
ピスタチオスライバー*（飾り用）
* 細長く砕いたもの

1. 目の細かい漉し器にチーズクロス[チーズの製造で用いられる織り目の粗い薄地の綿織物］か清潔で毛羽立ちのない綿のフキンを敷き，これを大型のボールに入れる。漉し器の底部分がボールの底から浮くようにする。
2. リコッタチーズを1の漉し器に入れてラップで覆い，冷蔵庫にひと晩入れて水切りをする。
3. 小型の鍋を弱火にかけて牛乳を1分ほど温めるか（沸騰させないこと），電子レンジ対応の容器に牛乳を入れて，レンジで20～30秒，沸騰しない程度に加熱してもよい。
4. 牛乳を火からおろし，サフランをくわえて牛乳が濃いオレンジ色になるまでおいておく。
5. 大きな深型のソースパンでギーを熱し，水切りをしたリコッタチーズ，砂糖，粉ミルクをくわえ，かき混ぜながら，ソースパンの鍋肌にはりつかず，中央でゆるくまとまるくらいまで加熱する。
6. 4のサフラン入り牛乳とカルダモンを5にくわえ，色が均一になるようしっかりと混ぜたら，冷ましておく。
7. 6が冷めたら，この生地を大さじ1½から2の分量すくって（ピンポン球くらいの大きさ）丸める。これを手のひらで軽くつぶして円盤状にして，ピスタチオスライバーを飾る。

………………………………………………

◉コザニ・チキン

現代のギリシアではコザニの街の郊外にサフラン栽培地域がある。この地域産のサフランはクロコス・コザニスのブランド名をもち，産地のなかでもクロコスという村がもっとも有名だ。この簡単なチキン料理はサフランの渋みのある芳香をプルーンの甘味とうまく組み合わせたものだ。この料理は本来は骨つき鶏モモ肉で作り，これが一番うまみが出るが，好みによって骨なし鶏モモ肉で作ってもよい。ピラウライス［香辛料を使ったイ

ンド風のピラフ］かホワイトライスに添えて供する。

（4人分）
皮なし鶏モモ肉…8枚
挽いたサフラン…小さじ½
高品質のギリシア産オリーブオイル…大さじ4
紫タマネギ…薄くスライスする，3個
パプリカ…大さじ山盛り1
種抜きプルーン…1カップ（174*g*）
コーシャソルトと挽きたての黒コショウ（味つけ用）

1. 鶏モモ肉を水3カップ（¾リットル）と一緒に大型のソースパンに入れ，サフランをくわえて中火にかけ，沸騰したら火を弱めて15分ほど煮る。
2. ソースパンから鶏モモ肉を取り出し，スープは取っておく。
3. 大型のソテーパンを中火にかけてオリーブオイルを熱し，8～10分ほど，紫タマネギがくったりとして軽く色づくくらいに炒める。
4. パプリカをくわえてさらに1～2分ほど混ぜながら炒めたら，鶏モモ肉，2で取っておいたサフラン入りのスープ，プルーンをくわえる。
5. 塩，挽きたての黒コショウで味をととのえ，さらに10分ほど，スープが⅓の分量になるくらいまで弱火で煮込む。
6. 5をピラウライスにかけて供する。

…………………………………………………

◉ジャレビ

南アジアや，トリニダード・トバゴなどカリブ海地域のインド系移民の社会では，通りの屋台でジャレビが一年中売られている。これは渦巻き状の平たい揚げ菓子だ。イーストをくわえて作ったゆるい生地をぱりぱりに揚げたジャレビは，揚げたての熱いうちに食べるのが一番。ジャレビには本来ローズウォーターで風味づけしたシュガーシロップをかけるが，代わりにハチミツを使ってもよい。

（約24個分）
アクティブドライイースト…小さじ1
砂糖…2カップ（400*g*）
湯（40～45℃）…3カップ（710*ml*）
挽いたサフラン…小さじ½
熱湯…¼カップ（60*ml*）
中力粉…2カップ（250*g*）
キャノーラオイル（菜種油，揚げ油用）…1カップ（220*ml*）
ローズウォーターシロップ…小さじ2

1. 小型のボールにドライイーストを入れて小さじ¼の砂糖を振り入れ，¼カップ（60*ml*）の湯を注いで泡立たせておく。
2. 挽いたサフランを小型のボールに入れて熱湯をくわえ，湯が濃いオレンジ色になるまで5～10分ほどおく。
3. 小麦粉に1を混ぜ，これに1¾カップ（410*ml*）の湯を少しずつくわえていき，

ヨーグルトくらいのやわらかさにする。
4. 3に2のサフラン水の半分をくわえて混ぜ，温かい場所でひと晩寝かせる。
5. ジャレビを作る前に，水1カップを火にかけて残りの砂糖を溶かし，これに残りのサフラン水をくわえて5分ほど弱火で熱し，メープルシロップのようなとろみを出しておく。
6. 4のジャレビの生地を中身が絞り出せるプラスティック容器か，注ぎ口が狭い水差しに移す。
7. 深鍋でキャノーラオイルを熱し，ジャレビの生地をたらして温度を確かめる。生地がすぐにプツプツと音をたてて表面に上がってきたら適温だ。
8. プラスティック容器や水差しから，ジャレビの生地を直径10センチくらいの渦巻き状になるよう，熱したオイルに垂らしていく。
9. 両面がキツネ色になるまで揚げ，ペーパータオルを敷いた皿に取り出す。
10. ジャレビをボールに移して5のシロップを均一にかけまわし，ジャレビの両面にコーティングする。

………………………………………………

◉ペルシアのハルヴァ

私はこのデザートに目がない。煎った小麦粉とサフランが醸し出す豊かな風味がたまらないのだ。この菓子は葬儀やムスリムの断食月であるラマダンで供されることが多い。このため普段使いの甘いお菓子として出てくることはめったにない。このデザートを作るときには，濃いオレンジ色のサフラン水が欠かせない。中東や南アジアのデザートには「ハルヴァ」という名がつくものが多数ある。どれもがペースト状かやわらかなバターのような菓子だ。

（4個分）
挽いたサフラン…小さじ½
熱湯…¼カップ（60*ml*）
砂糖…1カップ（200*g*）
水…2カップ（500*ml*）
カルダモン…小さじ¼
ローズウォーター…大さじ1
スイートクリームバター*…113*g*(1本)
小麦粉…1カップ（125*g*）
アーモンドスライバー（飾り用）
* 非醱酵バター。原料のクリームを醱酵させずに作る。日本で一般的に使われるのはこのバター

1. 小型のボールに熱湯でサフランを溶いておく。
2. 中型のソースパンで砂糖，水，カルダモンを混ぜて火にかけ，沸騰したら中火にして2～3分ほど熱し，少々煮詰める。これにローズウォーターをくわえておく。
3. 大きく深型のソースパンを中火にかけてバターを溶かし，小麦粉をくわえてかき混ぜ続け，あめ色になるまで5～7分ほど熱する。これに2を注いでしっかりと混ぜ合わせる。
4. さらに1もくわえてよく混ぜ合わせ，

かき混ぜながら，粘り気が出て鍋肌から離れるくらいの固さになるまで2～3分熱する。固めのペーストにすること。
5. 4でできたハルヴァをスプーンですくって皿に盛り，スプーンの背で形を整え，アーモンドスライバーを飾り冷ましてから供する。

....

◉ペルシアのサフラン・アイスクリーム（バスタニ・ソンナティ）

古代ペルシア人は「シャルバート」を生み出したことで知られた。これはハチミツで甘くした果物のジュースを山の雪で冷やした夏の飲み物だ。アラブ人がこの飲み物にヒントを得て，今日のアイスクリームに非常によく似た，凍らせたデザートを作り出した。

今日ではイランにはありとあらゆるフレーバーのアイスクリームがある。しかし本来のアイスクリームとはサフランのフレーバーであって，これにピスタチオやローズウォーターやバラの花弁をくわえたものだ。クリームと卵黄を使ったバスタニは信じられないほどぜいたくなデザートであり，ときには凍ったクリームの塊が入っていることもある。このペルシアのアイスクリームは，ひと口でも満足感を味わえる。

（約1リットル分）
ヘビー（ダブル）クリーム…1½カップ（375ml）
牛乳…1½カップ（375ml）
砂糖…¾カップ（150g）
塩…小さじ¼
挽いたサフラン…小さじ½
コルタスやサダフといったブランドの食用ローズウォーター…大さじ2
バニラエキス…小さじ1
卵黄…6個分
ピスタチオのスライス…¼カップ（27g）
食用のバラの花弁（飾り用。中東の食料品店で購入できる）

1. ヘビークリーム，牛乳，砂糖，塩，サフランを深型の大きいソースパンに入れて中火にかける。よく混ぜ合わせ，砂糖が溶けるまでかき混ぜながら2～3分熱する。
2. 弱めの中火にして，沸騰させずにさらに2～3分熱する。
3. 2にローズウォーターとバニラエキスをくわえてよく混ぜ，火からおろす。
4. 卵黄を大型の耐熱ボールで溶き，これに3をすべて，ゆっくりと注ぎながらしっかりと泡立てる。
5. 4を元のソースパンに戻して弱めの中火にかけ，とろみがつくまで2～3分，しっかりとかき混ぜながら熱する。
6. 5を目が細かい漉し器で漉して粗熱を取ったら，このアイスクリーム用カスタードの表面にのせるようにラップをかけて冷蔵庫で冷やす。
7. 冷えたらピスタチオのスライスをくわえてこれをボールに注ぎ，アイスクリームメーカーを使って，取扱説明書

の指示通りに攪拌する。

8. 7のアイスクリームに粘り気が出てきたら，容量1リットル以上の容器にすくい入れ，少なくとも2時間冷凍庫で凍らせる。バラの花弁を飾って供する。

◉ペルシアのサフラン・ライスプディング（ショレザルド）

「ショレザルド」はイランでは特別な日のデザートで，イラン文化ではいくつかの場面で用いられる。ムスリムの聖なる月，ラマダン（断食月）明けの食事に出てくることが多く，また，古代ペルシアのゾロアスター教の四大祭日のひとつ（今日のイランでも祝う），ティルガン（夏至）でも供される。

（4～6人分）
挽いたサフラン…小さじ1
バスマティ米*…1カップ（185g）
粗塩**…小さじ¼
砂糖…2カップ（400g）
バター…大さじ4
ローズウォーター…大さじ2
挽いたカルダモン…小さじ½
シナモン…小さじ¾，ほかにも飾りに適したものがあれば使用する
アーモンドスライバー…大さじ2

* インドやパキスタンで栽培されてきた長粒種の香り米
** 結晶が粗い，精製していない塩

1. サフランを¼カップの熱湯で溶いておく。
2. バスマティ米を深いボールに入れて水をボールいっぱいに注ぎ，水が白くにごるまで手でかき混ぜたら慎重に水だけを捨てる。これを，水がにごらなくなるまで4～5回繰り返す。
3. 洗ったバスマティ米を深型の大きい鍋に塩と入れ，バスマティ米の上1.3センチくらいまでくるよう水をくわえて，1，2回かき混ぜながら弱火で15分煮る。
4. 砂糖をくわえてさらに10分煮て，砂糖をしっかり溶かす。
5. 4にバター，ローズウォーター，カルダモン，シナモンをくわえ，コメが水分を吸ってもちもちとしたプディング状になるまで熱する。
6. 火からおろして室温程度に冷まし，表面にアーモンドスライバーやシナモンで好みの模様を飾りつけしてから供する。

◉サフラン・ブールブラン

ブールブランは昔からあるフランスのソースで，魚や甲殻類，鶏肉など「白身」肉や豚肉に添えることがほとんどだ。冷たいバターを使うのがブールブランを作るときのコツだ。クリームは絶対に必要というわけではないが，これをくわえれば，まず失敗することはないだろう。

(ソース約½カップ（118ml）分)
辛口の白ワイン…½カップ（120ml）
白ワインビネガー…½カップ（120ml）
エシャロット…きざむ，2個
新鮮なタイム…若枝2本
ヘビー（ダブル）クリーム…¼カップ（60ml）
サフラン（ホール）…小さじ¼
冷やした無塩バター…115g（1本），10個に切り分ける
塩…小さじ¼
挽きたてのコショウ…小さじ¼

1. 小型のソースパンを中火にかけ，白ワインとワインビネガー，エシャロットとタイムをくわえて水分が4分の3程度になるまで3～5分ほど熱する。
2. ヘビークリームとサフランを混ぜ入れ，弱火にしてしっかりとかき混ぜて，ソースにサフランの濃い黄色が移るまで1分ほど熱する。
3. 切り分けたバターを1個ずつ，よくかき混ぜながらくわえ，10個すべてをくわえて濃厚なソースにする。
4. 塩とコショウで味つけし，タイムの枝を取り出して鶏肉や魚料理に添える。

……………………………………………

◉リゾット・ミラネーゼ

このイタリア北部の料理は，サフランを使った黄金色のリゾットとして有名だ。シンプルだが，広く，リゾットの王様だとみなされている。ここで紹介するのは芳醇でクリーミーなリゾットのレシピで，コンロに鍋をかけてアルボリオ米をかき混ぜながら作る伝統的な調理法ではなく，オーブンを使用する。

(4人分)
挽いたサフラン…小さじ½
熱湯…大さじ2
オリーブオイル…大さじ1
エシャロット（大）…きざむ，1個
アルボリオ米…1カップ（200g）
塩とコショウ，味つけ用
辛口の白ワイン…¼カップ（60ml）
チキンスープ…1リットル
細かくおろしたパルメザンチーズ…1カップ（180g）

1. オーブンを180℃に余熱しておく。
2. サフランを熱湯に溶き，冷ましておく。
3. 底の厚い容量2リットルのソースパンを中火にかけてオリーブオイルをひく。これにエシャロットをくわえ1分ほど炒めたらアルボリオ米をくわえる。
4. よくかき混ぜてコメにオイルとエシャロットをまんべんなくまぶしたら，塩，コショウ，白ワインをくわえる。
5. よく混ぜてワインのアルコール分を飛ばし，チキンスープと2のサフラン水をくわえ，火からおろして耐熱性のフタをする。
6. 5をオーブンで20～25分焼いたら取り出してパルメザンチーズをくわえ，木製スプーンで大きくかき混ぜる。熱いうちに供する。

………………………………………………

◉サフラン・スイートミルク（ケサリ・スイートミルク）

デザートにぴったりのこのドリンクにはアーモンド，カルダモン，サフランを使用する。これは，中東やインド北部の菓子には伝統的な組み合わせだ。飾りつけに使う食用のバラの花弁は中東食料品店に売っている。

（4～6人分）
アーモンドスライバー…⅓カップ（35g）
牛乳…4カップ（1リットル）
サフラン（ホール）…小さじ¼
砂糖…¼カップ（50g）
カルダモンパウダー…小さじ½
ピスタチオスライバー（飾り用）
食用のバラの花弁（飾り用）

1. アーモンドスライバーと牛乳大さじ3を「強」にしたブレンダーにかけ，必要に応じて牛乳を足して，なめらかなペースト状にしておく。
2. 残りの牛乳とサフランを中型のソースパンで弱火にかけ，3～5分，牛乳にサフランの黄金色がしっかりと出るまで熱するが，沸騰させないこと。
3. 2に1のアーモンドペースト，砂糖，カルダモンをくわえて弱めの中火にし，砂糖がしっかり溶けるまでかき混ぜながら熱する。沸騰させないこと。
4. 温かいままでも冷やしてもおいしく，ピスタチオスライバーとバラの花弁で飾って供する。

10　John D. Kakisis, 'Saffron: From Greek Mythology to Contemporary Anti-atherosclerotic Medicine', *Atherosclerosis*, CCLXVIII (2018), pp. 193-5.

第6章　現代サフラン市場

1　Hans Rotteveel, 'Saffron: It's Beautiful, Tasty and Expensive', www.uvm.edu/~saffron, 2020年3月10日アクセス。

2　Marco Polo, *Travels of Marco Polo*, intro. John Masefield (New York, 1908), p. 314.［マルコ・ポーロ『東方見聞録』月村辰雄・久保田勝一訳／岩波書店／2012年］

3　John Beckman, *A History of Inventions and Discoveries*, trans. William Johnston (London, 1814), vol. I, p. 180.［ヨハン・ベックマン『西洋事物起源』特許庁内技術史研究会訳／岩波書店／2000年］

4　*A Saffron Tablet Market: Global Industry Analysis, Size, Share, Growth, Trends and Forecast, 2017-2025* (Market Research Reports), https://amazingherald.com, 2019年6月30日アクセス。

3 Columella, *De rustica*, Loeb Classical Library edition, p. 277, http://penelope.uchicago.edu.

4 R. Hakluyt, *Principle Navigations, Voyages, Traffics and Discoveries of the English Nation* (London, 1598).

5 Wolfgang von Stromer, 'Nuremberg in the International Economics of the Middle Ages', *Business History Review*, XLIV/2 (1970), pp. 210 -25.

6 Volker Schier, 'Probing the Mystery of the Use of Saffron in Medieval Nunneries', *The Senses and Society*, V/1 (2015), pp. 57-72.

第4章　北アメリカとカリブ海地域のサフラン

1 Martha Washington, *Martha Washington's Book of Cookery* (New York, 1981), p. 398.

第5章　宗教　芸術　医療

1 A. Ferdowsi, *Shahnameh: The Persian Book of Kings*,trans. D. Davis (New York, 2006), p. 131.［フェルドゥスィー『王書（シャー・ナーメ）――ペルシア英雄叙事詩』黒柳恒男訳／平凡社／1969年］ほか

2 J. Mandeville, *The Travels of Sir John Mandeville* (New York, 1923), Chapter 27.［ジョン・マンデヴィル『東方旅行記』］

3 A. Dalby, *Dangerous Tastes: The Story of Spices* (Berkeley, CA, 2002), p. 95.［アンドリュー・ドルビー『スパイスの人類史』樋口幸子訳／原書房／2004年］

4 Mandana Barkeshli and H. Ataie, 'pH Stability of Saffron Used in Verdigris as an Inhibitor in Persian Miniature Paintings', *Restaurator*, XXIII/3 (2002), pp. 154-64.

5 ニューヨーク，メトロポリタン博物館所蔵，'Bangali Ragini: Folio from a Ragamala Series (Garland of Musical Modes)'［1709］www.metmuseum.org, 2020年2月1日アクセス。

6 A. Hosseini, B. M. Razavi and H. Hosseinzadeh, 'Saffron (*Crocus sativus*) Petal as a New Pharmacological Target: A Review', *Iran Journal of Basic Medical Science*, XXI/II (2018), pp. 1091-9.

7 Hossein Hosseinzadeh, 'Saffron: A Herbal Medicine of Third Millennium', *Jundishapur Journal of Natural Pharmaceutical Products*, IX/I (2014), pp. 1-2.

8 同上

9 同上

注

第1章　起源と栽培

1　'Gli amori poi de Croco, e di Smilace, che furono ambidoi conversi in fiori, non havendo potuto godersi insieme . . .', Giovanni Andrea dell'Anguillara, trans., *Le metamorfosi di Ovidio . . . con le annotationi di M. Gioseppe Horologgi & gli argomenti & pastille di M. Farncesco Turchi*, rev. edn (Venice, 1584), p. 152.

2　Z. Nemati et al., 'Saffron (*Crocus sativus*) Is an Autotriploid that Evolved in Attica (Greece) from Wild *Crocus cartwrightianus*', *Molecular Phylogenetics and Evolution*, CXXXVI (2019), pp. 14-20.

3　J. Timbs, *Things Not Generally Known, Familiarly Explained: A Book for Old and Young* (London, 1866) p. 132.

4　J. Spurrier, *The Practical Farmer; being a New and Compendious System of Husbandry, Adapted to the Different Soils and Climate of America* (Wilmington, DE, 1793), p. 349, https://quod.lib.umich.edu で閲覧。

5　Rachel Dewan, 'Bronze Age Flower Power: The Minoan Use and Social Significance of Saffron and Crocus Flowers', *Chronika*, 5 (2015), pp. 42-55.

6　2018年5月，ラーミン・ガネシュラムによるマーティン・キーンへのインタビュー。

第2章　古代社会とシルクロード

1　Pat Willard, *Secrets of Saffron: The Vagabond Life of the World's Most Seductive Spice* (Boston, MA, 2001), pp. 19-20.

2　Herodotus, 'The Persian Wars', Book 8, Paragraph 98, www.parstimes.com.

3　A. Dalby, *Dangerous Tastes: The Story of Spices* (Berkeley, CA, 2002), p. 95.［アンドリュー・ドルビー『スパイスの人類史』樋口幸子訳／原書房／2004年］

第3章　中世とルネサンス期のサフラン

1　Mohammad J. Siddiqui 他，'Saffron (*Crocus sativus* L.): As an Antidepressant', *Journal of Pharmacy and Bioallied Sciences*, X/4 (2018), pp. 173-80.

2　Behjat Javadi 他，'A Survey on Saffron in Major Islamic Traditional Medicine Books', *Iranian Journal of Basic Medical Sciences*, XVI/1 (2013), pp. 1-11.

ラーミン・ガネシュラム（Ramin Ganeshram）
アメリカ人ジャーナリストで料理史家。アメリカにおける多文化的歴史やアメリカの食文化の研究でも知られる。シェフでもあり、『*The General's Cook: A Novel*』（2018年）ほか、多数の料理書を出版。

龍 和子（りゅう・かずこ）
北九州市立大学外国語学部卒。訳書にピート・ブラウン／ビル・ブラッドショー『世界のシードル図鑑』、「食」の図書館シリーズでは、レニー・マートン『コメの歴史』、カオリ・オコナー『海藻の歴史』、ジョナサン・モリス『コーヒーの歴史』（以上、原書房）などがある。

「食」の図書館

サフランの歴史

●

2021年12月24日　第1刷

著者……………ラーミン・ガネシュラム

訳者……………龍 和子

装幀……………佐々木正見

発行者……………成瀬雅人

発行所……………株式会社原書房

〒160-0022 東京都新宿区新宿 1-25-13

電話・代表 03(3354)0685

振替・00150-6-151594

http://www.harashobo.co.jp

印刷……………新灯印刷株式会社

製本……………東京美術紙工協業組合

ISBN 978-4-562-05948-5, Printed in Japan

脂肪の歴史《「食」の図書館》
ミシェル・フィリポフ著　服部千佳子訳

絶対に必要だが嫌われ者…脂肪。油、バター、ラードほか、おいしさの要であるだけでなく、豊かさ（同時に「退廃」）の象徴でもある脂肪の驚きの歴史。良い脂肪／悪い脂肪論や代替品の歴史にもふれる。　２２００円

バナナの歴史《「食」の図書館》
ローナ・ピアッティ＝ファーネル著　大山晶訳

誰もが好きなバナナの歴史は、意外にも波瀾万丈。栽培の始まりから神話や聖書との関係、非情なプランテーション経営、「バナナ大虐殺事件」に至るまで、さまざまな視点でたどる。世界のバナナ料理も紹介。　２２００円

サラダの歴史《「食」の図書館》
ジュディス・ウェインラウブ著　田口未和訳

緑の葉野菜に塩味のディップ…古代のシンプルなサラダがヨーロッパから世界に伝わるにつれ、風土や文化に合わせて多彩なレシピを生み出していく。前菜から今ではメイン料理にもなったサラダの驚きの歴史。　２２００円

パスタと麵の歴史《「食」の図書館》
カンタ・シェルク著　龍和子訳

イタリアの伝統的パスタについてはもちろん、悠久の歴史を誇る中国の麵、アメリカのパスタ事情、アジアや中東の麵料理、日本のそば／うどん／即席麵など、世界中のパスタと麵の進化を追う。　２２００円

タマネギとニンニクの歴史《「食」の図書館》
マーサ・ジェイ著　服部千佳子訳

主役ではないが絶対に欠かせず、吸血鬼を撃退し血液と心臓に良い。古代メソポタミアの昔から続く、タマネギやニンニクなどのアリウム属と人間の深い関係を描く。暮らし、交易、医療…意外な逸話を満載。　２２００円

（価格は税別）

カクテルの歴史 《「食」の図書館》
ジョセフ・M・カーリン著　甲斐理恵子訳

氷やソーダ水の普及を受けて19世紀初頭にアメリカで生まれ、今では世界中で愛されているカクテル。原形となった「パンチ」との関係やカクテル誕生の謎、ファッションその他への影響や最新事情にも言及。

2200円

メロンとスイカの歴史 《「食」の図書館》
シルヴィア・ラブグレン著　龍和子訳

おいしいメロンはその昔、「魅力的だがきわめて危険」とされていた!? アフリカからシルクロードを経てアジア、南北アメリカへ…先史時代から現代までの世界のメロンとスイカの複雑で意外な歴史を追う。

2200円

ホットドッグの歴史 《「食」の図書館》
ブルース・クレイグ著　田口未和訳

ドイツからの移民が持ち込んだソーセージをパンにはさむ――この素朴な料理はなぜアメリカのソウルフードにまでなったのか。歴史、つくり方と売り方、名前の由来ほか、ホットドッグのすべて！

2200円

トウガラシの歴史 《「食」の図書館》
ヘザー・アーント・アンダーソン著　服部千佳子訳

マイルドなものから激辛まで数百種類。メソアメリカで数千年にわたり栽培されてきたトウガラシが、スペイン人によってヨーロッパに伝わり、世界中の料理に「なくてはならない」存在になるまでの物語。

2200円

キャビアの歴史 《「食」の図書館》
ニコラ・フレッチャー著　大久保庸子訳

ロシアの体制変換の影響を強く受けながらも常に世界を魅了してきたキャビアの歴史。生産・流通・消費についてはもちろん、ロシア以外のキャビア、乱獲問題、代用品、買い方・食べ方他にもふれる。

2200円

（価格は税別）

ジンの歴史《「食」の図書館》

レスリー・J・ソルモンソン著　井上廣美訳

オランダで生まれ、イギリスで庶民の酒として大流行。やがてカクテルのベースとして不動の地位を得たジン。今も進化するジンの魅力を歴史的にたどる。新しい動き「ジン・ルネサンス」についても詳述。　２２００円

バーベキューの歴史《「食」の図書館》

J・ドイッチュ／M・J・イライアス著　伊藤はるみ訳

たかがバーベキュー。されどバーベキュー。火と肉だけのシンプルな料理ゆえ世界中で独自の進化を遂げたバーベキューは、祝祭や政治等の場面で重要な役割も担ってきた。奥深いバーベキューの世界を大研究。　２２００円

トウモロコシの歴史《「食」の図書館》

マイケル・オーウェン・ジョーンズ著　元村まゆ訳

九千年前のメソアメリカに起源をもつトウモロコシ。人類にとって最重要なこの作物がコロンブスによってヨーロッパへ伝えられ、世界へ急速に広まったのはなぜか。食品以外の意外な利用法も紹介する。　２２００円

ラム酒の歴史《「食」の図書館》

リチャード・フォス著　内田智穂子訳

カリブ諸島で奴隷が栽培したサトウキビで造られたラム酒。有害な酒とされるも世界中で愛され、現在では多くのカクテルのベースとなり、高級品も造られている。多面的なラム酒の魅力とその歴史に迫る。　２２００円

ピクルスと漬け物の歴史《「食」の図書館》

ジャン・デイヴィソン著　甲斐理恵子訳

浅漬け、沢庵、梅干し。日本人にとって身近な漬け物は、古代から世界各地でつくられてきた。料理や文化としての発展の歴史、巨大ビジネスとなった漬け物産業、漬け物が食料問題を解決する可能性にまで迫る。　２２００円

（価格は税別）

ジビエの歴史 《「食」の図書館》

ポーラ・ヤング・リー著　堤理華訳

古代より大切なタンパク質の供給源だった野生動物の肉ジビエ。やがて乱獲を規制する法整備が進み、身近なものではなくなっていく。人類の歴史に寄り添いながらも注目されてこなかったジビエに大きく迫る。２２００円

牡蠣の歴史 《「食」の図書館》

キャロライン・ティリー著　大間知　知子訳

有史以前から食べられ、二千年以上前から養殖もされてきた牡蠣をめぐって繰り広げられてきた濃厚な歴史。古今東西の牡蠣料理、牡蠣の保護、「世界の牡蠣産業の救世主」日本の牡蠣についてもふれる。２２００円

ロブスターの歴史 《「食」の図書館》

エリザベス・タウンセンド著　元村まゆ訳

焼く、茹でる、汁物、刺身とさまざまに食べられるロブスター。日常食から贅沢品へと評価が変わり、現在は人道的に息の根を止める方法が議論される。人間の注目度にふりまわされるロブスターの運命を辿る。２２００円

ウオッカの歴史 《「食」の図書館》

パトリシア・ハーリヒー著　大山晶訳

安価でクセがなく、汎用性が高いウオッカ。ウオッカはどこで誕生し、どのように世界中で愛されるようになったのか。魅力的なボトルデザインや新しい飲み方についても解説しながら、ウオッカの歴史を追う。２２００円

キャベツと白菜の歴史 《「食」の図書館》

メグ・マッケンハウプト著　角敦子訳

大昔から人々に愛されてきたキャベツと白菜。育てやすくて栄養にもすぐれている反面、貧者の野菜とも言われてきた。キャベツと白菜にまつわる驚きの歴史、さまざまな民族料理、最新事情を紹介する。２２００円

（価格は税別）

コーヒーの歴史 《「食」の図書館》

ジョナサン・モリス著　龍和子訳

エチオピアのコーヒーノキが中南米の農園へと渡り、世界中で愛される飲み物になるまで。栽培と消費の移り変わり、各地のコーヒー文化のほか、コーヒー産業の実態やスペシャルティコーヒーについても詳述。　２２００円

テキーラの歴史 《「食」の図書館》

イアン・ウィリアムズ著　伊藤はるみ訳

メキシコの蒸溜酒として知られるテキーラは、いつ頃どんな人々によって生みだされ、どのように発展してきたのか。神話、伝説の時代からスペイン植民地時代を経て現代にいたるまでの興味深い歴史。　２２００円

ラム肉の歴史 《「食」の図書館》

ブライアン・ヤーヴィン著　名取祥子訳

栄養豊富でヘルシー…近年注目されるラム肉の歴史。古代メソポタミアの昔から現代まで、古今東西のラム肉料理の歴史をたどり、小規模で持続可能な農業についても考察する。世界のラム肉料理レシピ付。　２２００円

ダンプリングの歴史 《「食」の図書館》

バーバラ・ギャラニ著　池本尚美訳

ワンタン、ラヴィオリ、餃子、団子…小麦粉などを練ってつくるダンプリングは、日常食であり祝祭の料理でもある。形、具の有無ほか、バラエティ豊かなダンプリングにつまった世界の食の歴史を探求する。　２２００円

シャンパンの歴史 《「食」の図書館》

ベッキー・スー・エプスタイン著　芝瑞紀訳

人生の節目に欠かせない酒、シャンパン。その起源や造り方から、産業としての成長、戦争の影響、呼称問題、泡の秘密、ロゼや辛口人気と気候変動の関係まで、シャンパンとスパークリングワインのすべて。　２２００円

（価格は税別）

トマトの歴史 《「食」の図書館》

クラリッサ・ハイマン著　道本美穂訳

実は短いトマトの歴史。南米からヨーロッパに伝わった当初は「毒がある」とされたトマトはいかに世界に広まったか。イタリアの食文化、「野菜か果物か」裁判、伝統の品種と最新の品種……知られざる歴史。２２００円

食用花の歴史 《「食」の図書館》

Ｃ・Ｌ・カーカー／Ｍ・ニューマン著　佐々木紀子訳

近年注目される食用花（エディブルフラワー）。人類はいかに花を愛し、食べてきたか、その意外に豊かな歴史を追う。分子ガストロノミーや産直運動などの最新事情、菊、桜などを使う日本の食文化にも言及。２２００円

豆の歴史 《「食」の図書館》

ナタリー・レイチェル・モリス著　竹田円訳

栄養の宝庫、豆。高級食材ではないが、持続可能な社会を目指す現代の貴重なタンパク源として注目されている。大豆やインゲン豆のほか世界の珍しい豆と料理法を多数紹介、人間と豆の九千年の歴史を読み解く。２２００円

ベリーの歴史 《「食」の図書館》

ヘザー・アーント・アンダーソン著　富原まさ江訳

小さくても存在感抜群のベリー。古代の寓話と伝承、古今東西の食べ方や飲み方、さらには毒物として、またスーパーフードとしての役割まで、ミステリアスなベリーの興味深い歴史。日本のハスカップも登場。２２００円

エビの歴史 《「食」の図書館》

イヴェット・フロリオ・レーン著　龍和子訳

ぷりぷりで栄養豊富なエビ。古代ギリシア時代から現代まで、人類がエビを獲り、食べてきた歴史。世界エビ料理やエビ風味食品、エビと芸術との関係、養殖エビや労働・環境問題にもふれたエビづくしの一冊。２２００円

（価格は税別）